21世纪工程图学系列教材

【第四版】 吴机际 编著

# 园林工程制图习题集

华南理工大学出版社
SOUTH CHINA UNIVERSITY OF TECHNOLOGY PRESS
·广州·

**图书在版编目（CIP）数据**

园林工程制图习题集/吴机际编著. —4版. —广州：华南理工大学出版社，2016.2（2022.1重印）
21世纪工程图学系列教材
ISBN 978-7-5623-4877-1

Ⅰ.①园… Ⅱ.①吴… Ⅲ.①园林设计-建筑制图-高等学校-习题集 Ⅳ.①TU986.2-44

中国版本图书馆CIP数据核字（2016）第026420号

yuanlin gongcheng zhitu xitiji
**园林工程制图习题集（第四版）**
吴机际　编著

---

**出 版 人：** 卢家明
**出版发行：** 华南理工大学出版社
（广州五山华南理工大学17号楼　邮编：510640）
http://hg.cb.scut.edu.cn　E-mail: scutc13@scut.edu.cn
营销部电话：020-87113487　87111048（传真）
**责任编辑：** 王魁葵
**印 刷 者：** 广州一龙印刷有限公司
**开　　本：** 787mm×1092mm　1/16　**印张：** 8.25　**字数：** 200千
**版　　次：** 2016年2月第4版　2022年1月第22次印刷
**印　　数：** 74 001～78 000册
**定　　价：** 27.00元

---

## 内容简介

本习题集由吴机际教授编著的《园林工程制图习题集》(第三版)修订而成,与华南理工大学出版社出版的吴机际编著的《园林工程制图》(第四版)配合使用。

本习题集是根据教育部高等学校工程图学教学指导委员会2010年制订的"普通高等学校工程图学课程基本要求",以及最新的建筑制图国家标准与行业标准、规范,并结合风景园林行业的设计实际与对专业技术知识的要求修订而成。

本习题集内容包括:制图基本知识,投影基本知识,点、直线、平面的投影,投影变换,曲线与曲面,立体的投影,截交线,相贯线,轴测投影,组合体,工程形体的表达方法,建筑施工图,结构施工图,风景园林工程设计图,透视与阴影,综合作图,标高投影等共17章相关习题,编写顺序与教材一致。

本套教材可作为普通高等学校风景园林类各专业工程图学教材,也可供电视大学、函授大学、网络学院等相关专业选用,并可供有关土建类专业师生和工程技术人员参考使用。

## 前　言

本习题集与吴机际教授编著的《园林工程制图》(第四版)(华南理工大学出版社出版)配套使用,编写顺序与教材相对应。本套教材是全国出版的第一套《园林工程制图》高等学校教材,自出版以来,一直深受广大读者厚爱,深得广大读者和专家的好评,被全国众多高等院校选作风景园林类相关专业的必修课工程图学教材。

习题集本次修订依据教育部高等学校工程图学教学指导委员会2010年制订的"普通高等学校工程图学课程基本要求",从开发智力、培养能力出发,力求贯彻"少而精"的原则,采取由浅入深、由易到难、读画结合、循序渐进的方法,密切与教材内容配合,编写顺序与教材一致。内容的深度、广度、难度适当,有基本概念题、基本应用题和一定的综合应用题。习题数量略多于教学所需的分量,既有利于教师配合教学选择、因材施教,也有利于读者配合教材自学。

习题集根据2011年3月1日实施的建筑制图国家标准:《房屋建筑制图统一标准》、《总图制图标准》、《建筑制图标准》、《建筑结构制图标准》、《混凝土结构设计规范》和《建筑给水排水制图标准》等行业技术标准,并采用中华人民共和国行业标准《风景园林图例图示标准》等相关风景园林和城市规划、绿化等图示标准、规范,结合风景园林行业的设计实际与对专业技术知识的要求,全面更新相关内容和图例,修订文字叙述,力求插图正确、清晰,文字简洁准确,叙述通俗易懂。

在本书的编写过程中,吴洪毅、洪德梅、王艳霞、周云开、黄衡、王羿翔、李晓志、郝彤琦、俞龙、吴慕春、张月明等同志参与了部分绘图工作,在此表示衷心的感谢。

由于本人水平所限,缺点和错误在所难免,恳请广大读者批评指正。

编　者

2015年10月

# 目　录


第一章　制图基本知识……（1）
1－1　字体练习……（1）
1－2　图线线型练习……（2）
1－3　几何作图……（3）
1－4　徒手绘图……（4）
第二章　投影基本知识……（7）
2－1　根据立体图找投影图……（7）
2－2　根据轴测图绘三面正投影图……（9）
第三章　点、直线、平面的投影……（11）
3－1　点的投影……（11）
3－2　直线的投影……（12）
3－3　平面的投影……（16）
3－4　直线与平面、平面与平面的相对位置……（20）
3－5　点、直线、平面综合应用题……（24）
第四章　投影变换……（26）
4－1　换面法……（26）
4－2　绕垂直轴旋转法……（30）
第五章　曲线与曲面……（32）
5－1　曲线……（32）
5－2　曲面……（33）
第六章　立体的投影……（35）
6－1　平面立体……（35）
6－2　曲面立体……（36）
第七章　截交线……（39）
7－1　补全带切口平面立体的三面正投影图……（39）
7－2　补全带切口曲面立体的三面正投影图……（41）
7－3　屋面交线……（44）
7－4　综合应用题……（45）
第八章　相贯线……（46）
8－1　平面立体与平面立体相交……（46）
8－2　平面立体与曲面立体相交……（48）
8－3　曲面立体与曲面立体相交……（49）
8－4　综合应用题……（52）
第九章　轴测投影……（53）
9－1　正等测投影……（53）
9－2　轴测剖面图……（56）
9－3　相贯线的轴测投影……（56）
9－4　斜轴测投影……（57）
9－5　徒手绘正等测图（按网格数放大）……（59）
第十章　组合体……（60）
10－1　组合体三视图……（60）
10－2　标注尺寸……（62）
10－3　看图练习……（64）
10－4　徒手画三视图……（74）
第十一章　工程形体的表达方法……（76）
11－1　视图……（76）

11－2　剖面图 …………………………………………… (77)
11－3　断面图 …………………………………………… (82)
**第十二章　建筑施工图** …………………………………… (83)
12－1　建筑施工图 ……………………………………… (83)
12－2　楼梯详图 ………………………………………… (85)
12－3　亭的建筑施工图 ………………………………… (87)
12－4　园林小品建筑施工图 …………………………… (90)
**第十三章　结构施工图** …………………………………… (93)
**第十四章　风景园林工程设计图** ………………………… (98)
**第十五章　透视与阴影** ………………………………… (101)
15－1　平行透视图 ……………………………………… (101)
15－2　成角透视图 ……………………………………… (103)
15－3　鸟瞰透视图 ……………………………………… (106)
15－4　正投影阴影 ……………………………………… (113)
15－5　透视阴影 ………………………………………… (117)
15－6　倒影 ……………………………………………… (119)
15－7　虚像 ……………………………………………… (120)
**第十六章　综合作图** …………………………………… (121)
**第十七章　标高投影** …………………………………… (124)

## 第一章　制图基本知识

### 1-1　字体练习

图样中的汉字、数字、字母，必须做到字体端正，笔画清楚，排列整齐，间隔均匀

班级　　　姓名　　　学号

## 1-2　图线线型练习

按1∶1的比例抄绘下列图形，并标法尺寸。(题(3)自选比例尺)

(1)

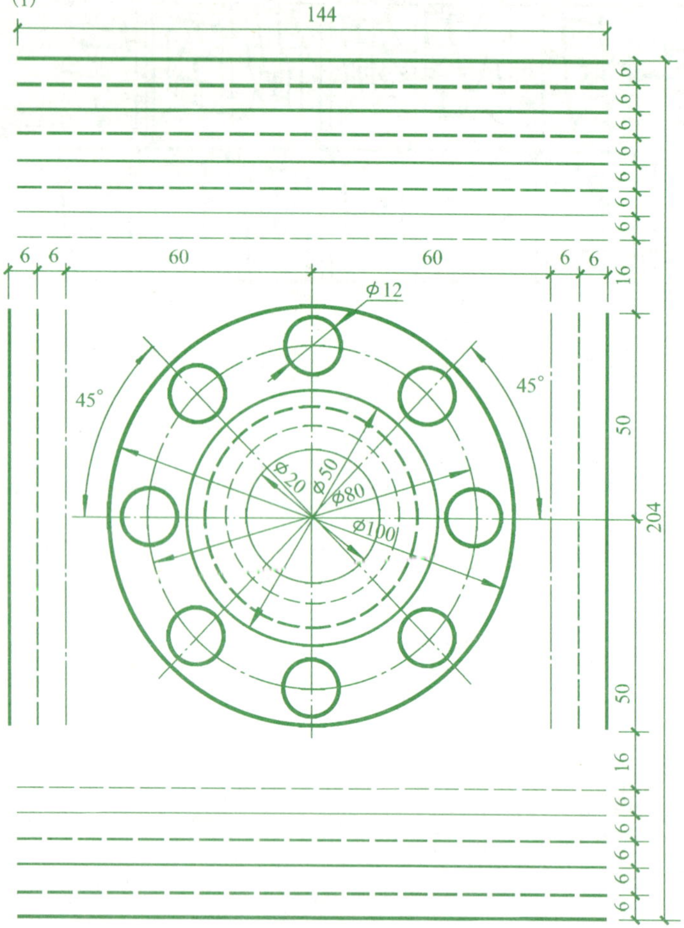


(2)

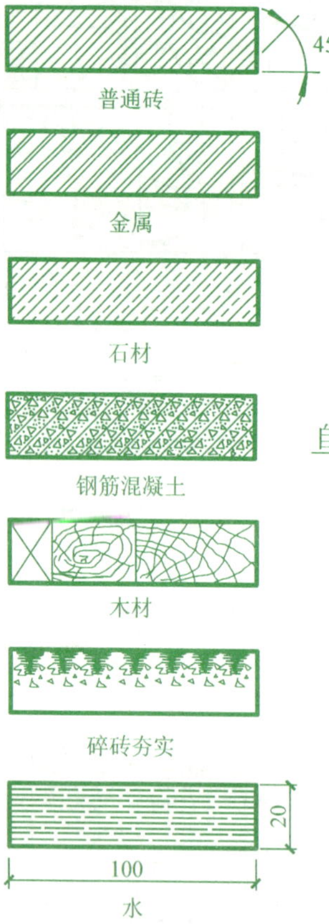


(3)

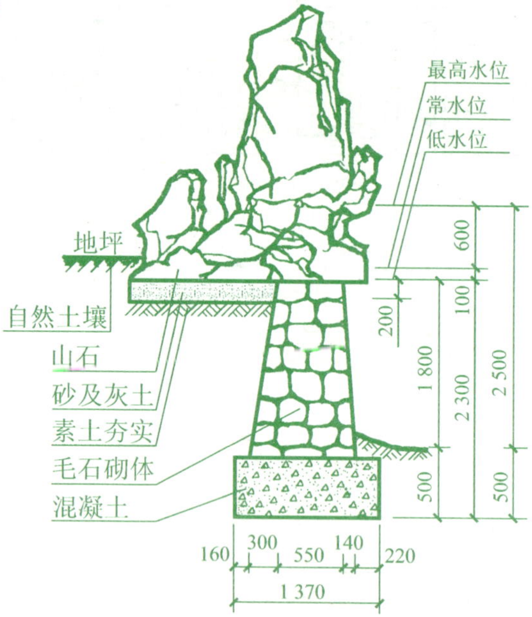

## 1-3　几何作图

按1:1的比例抄绘下列图形，并标注尺寸。

(1)

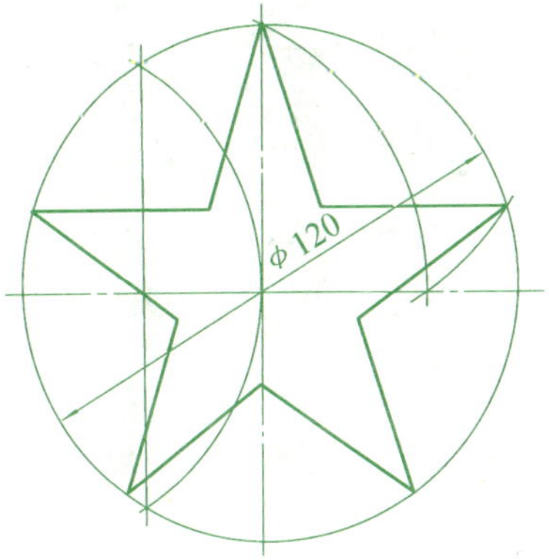


(2)

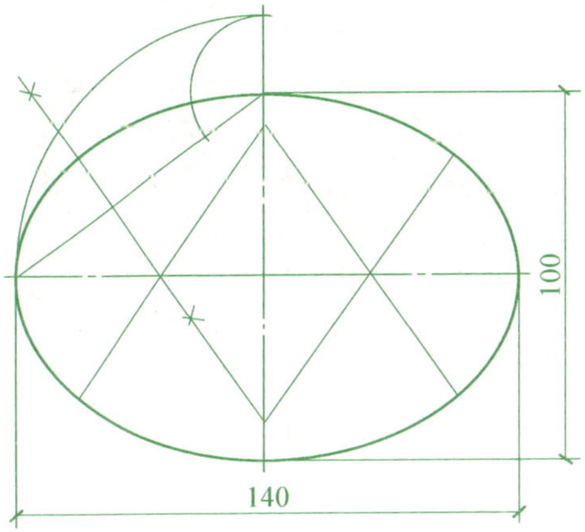


(3)

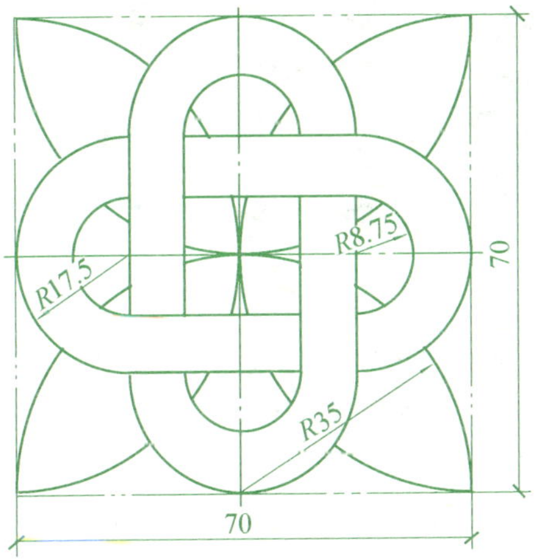


(4)

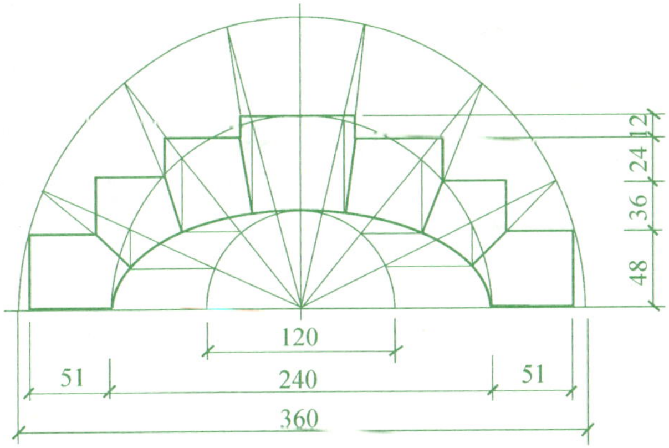

## 1–4　徒手绘图

1.仿图示园林植物绘图的基本笔法，徒手临摹。

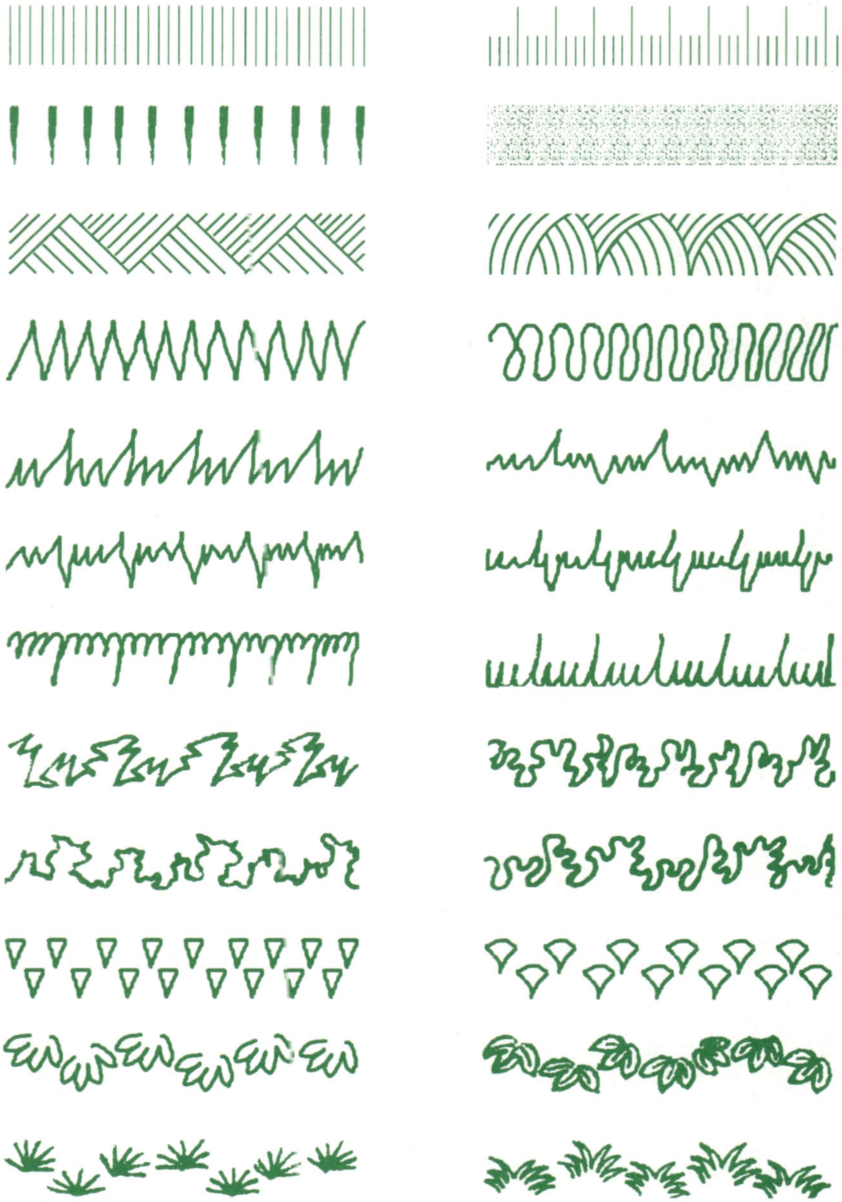

2. 仿图示的园林植物平面图例，徒手临摹。

班级　　　　姓名　　　　学号

3. 仿图示的园林植物立面图例，徒手临摹。

## 第二章　投影基本知识

### 2-1　根据立体图找投影图

班级　　　　姓名　　　　学号

2-2　根据轴测图绘三面正投影图

(1)

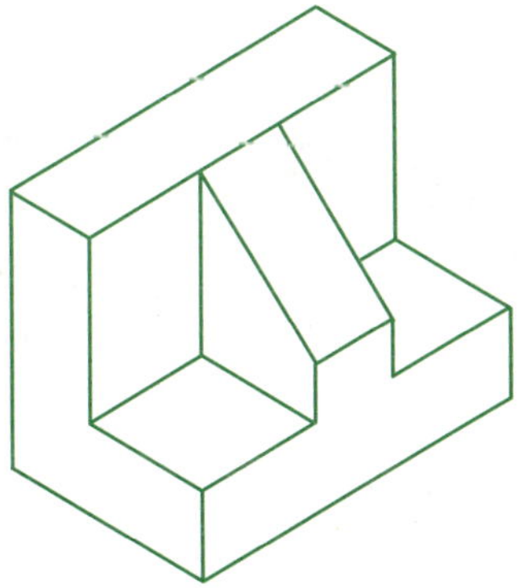

(2)

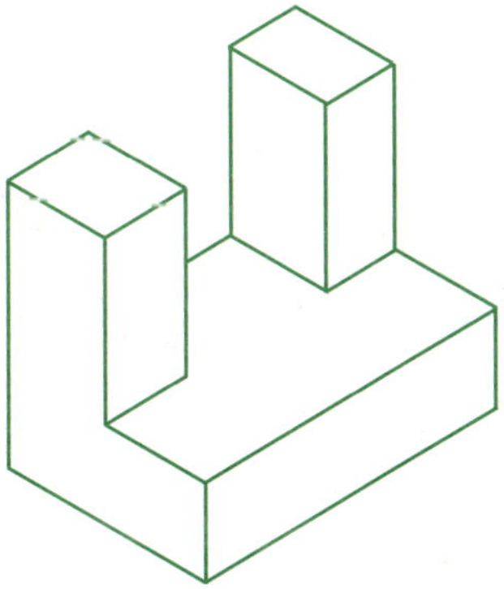

(3)

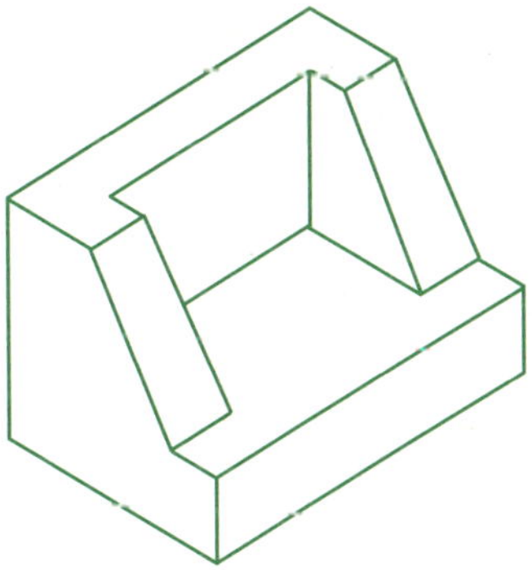

(4)

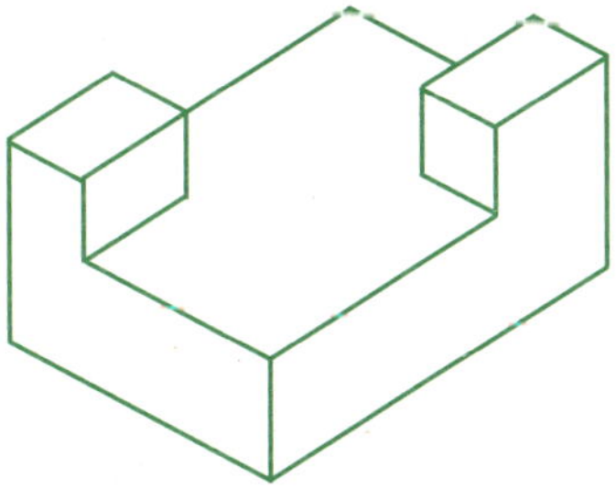

(5)

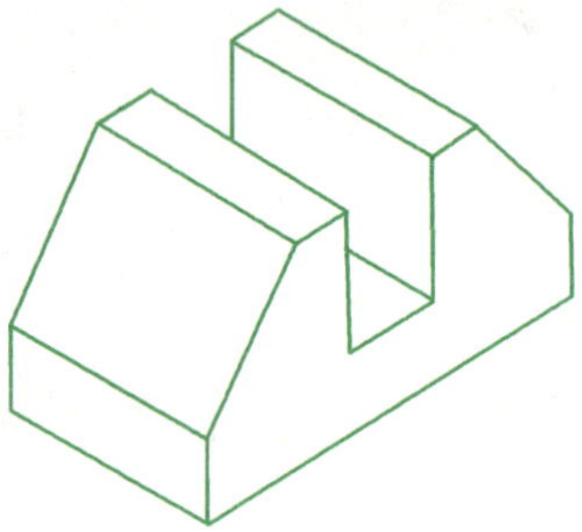

(6)

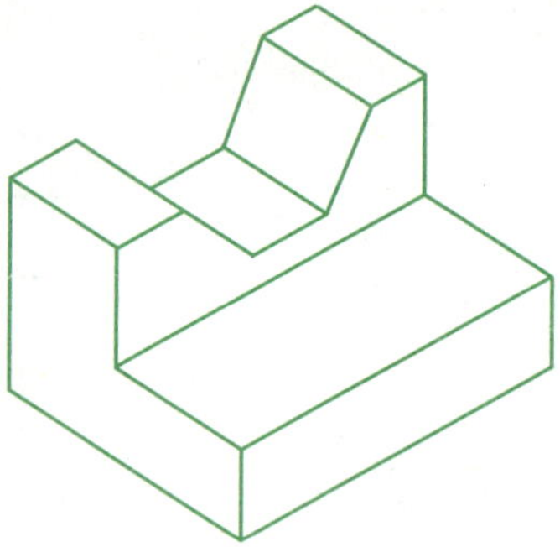

(7)

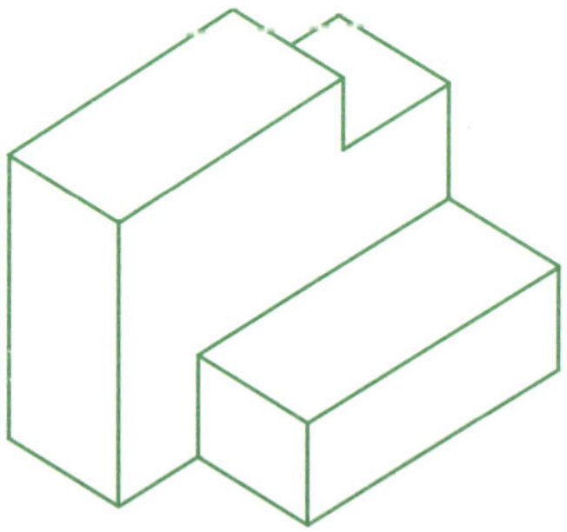

(8)

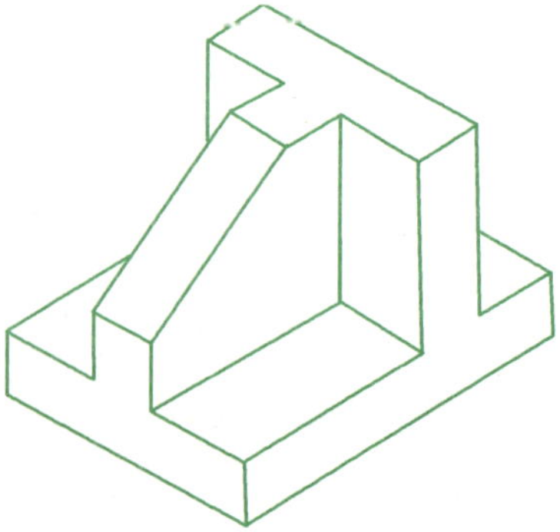

## 第三章 点、直线、平面的投影

### 3-1 点的投影

1. 已知$A$(15，20，10)，$B$(30，0，15)，$C$(20，0，0)，$D$(0，15，30) 四点的坐标，作出它们的投影图及在三投影面体系轴测图中作出各点的空间位置，并确定各点到投影面的距离。

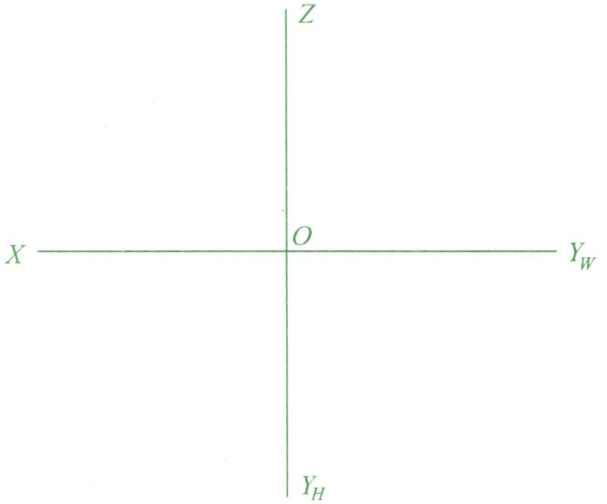


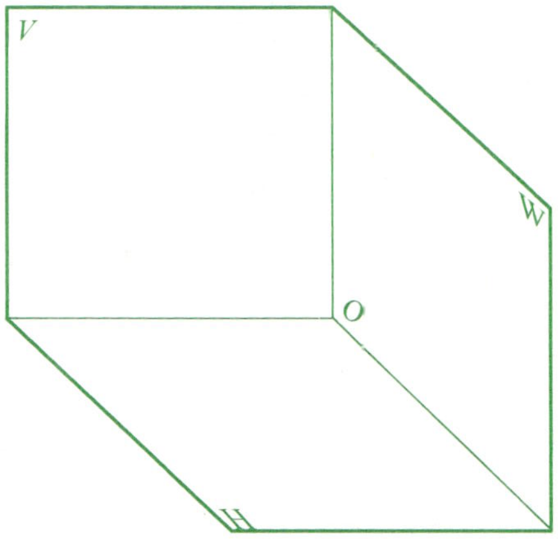


| 面＼点 | $A$ | $B$ | $C$ | $D$ |
|---|---|---|---|---|
| 距$V$面 | | | | |
| 距$H$面 | | | | |
| 距$W$面 | | | | |

2. (1) 已知$A$、$B$两点的两面投影，求作其第三面投影；(2) 求作$C$、$D$、$E$三点的三面投影，并判别其可见性；(3) 在三投影面体系轴测图中画出各点的空间位置。其中：点$C$在点$A$正后方，距点$A$为15 mm；点$D$在点$B$正右方，距点$B$为20 mm；点$E$在点$B$正下方，距点$B$为15 mm。

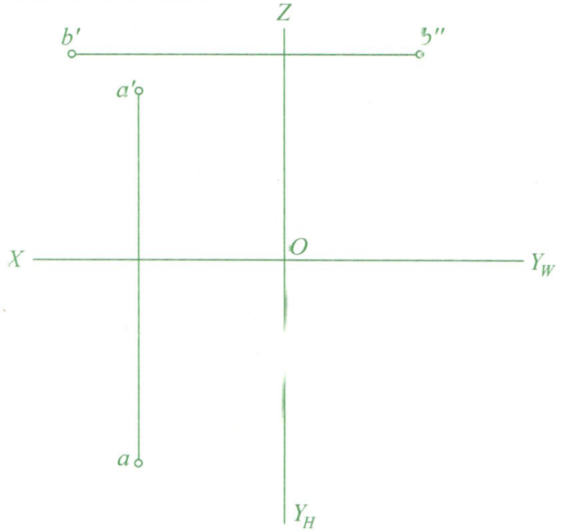


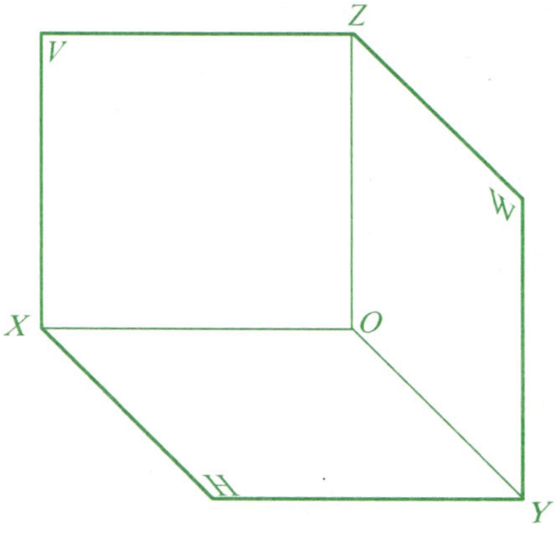

## 3–2　直线的投影

1. 已知正四面体之底面*ABC*的两投影，求作该正四面体(锥顶为*S*)的三面投影，并指出下列直线的空间位置及投影特性。

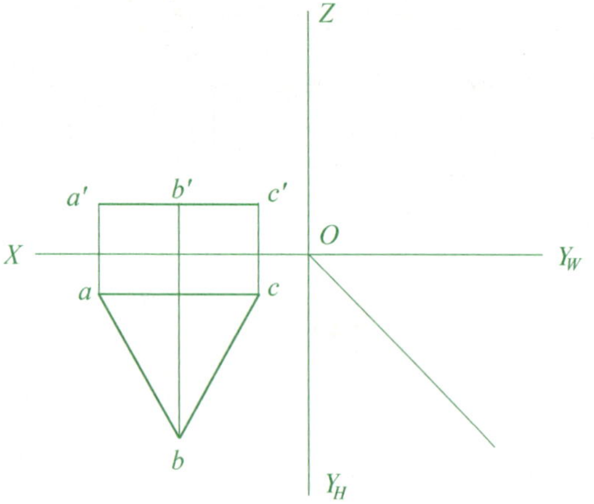


(1) *SA* 是__________线，
投影特性____________________；

(2) *SB* 是__________线，
投影特性____________________；

(3) *SC* 是__________线，
投影特性____________________；

(4) *AB* 是__________线，
投影特性____________________；

(5) *BC* 是__________线，
投影特性____________________；

(6) *AC* 是__________线，
投影特性____________________。

2. 根据轴测图作出直线*AB*、*BC*、*CD*、*DE*的三面投影图，并判别是什么位置直线。

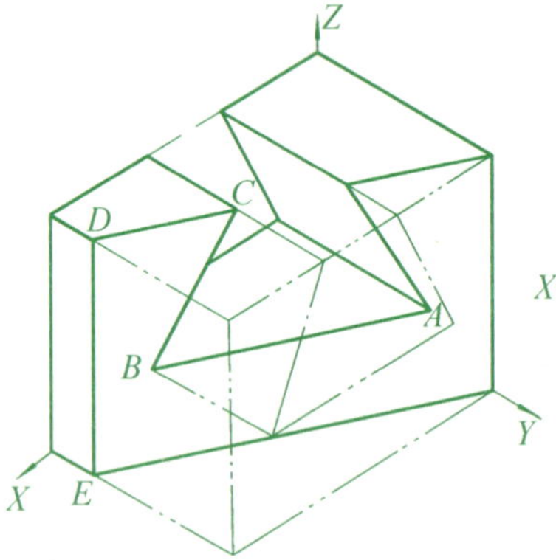


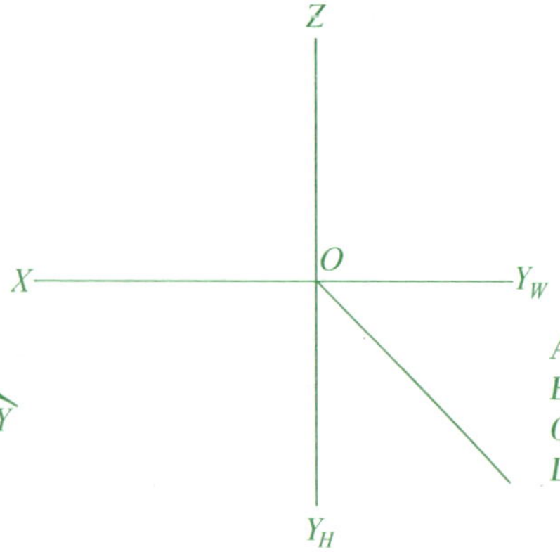


*AB* 是_____线，
*BC* 是_____线，
*CD*是_____线，
*DE* 是_____线。

3. 在直线*EF*上求作一点*K*，使*EK*：*KF*=3：2。

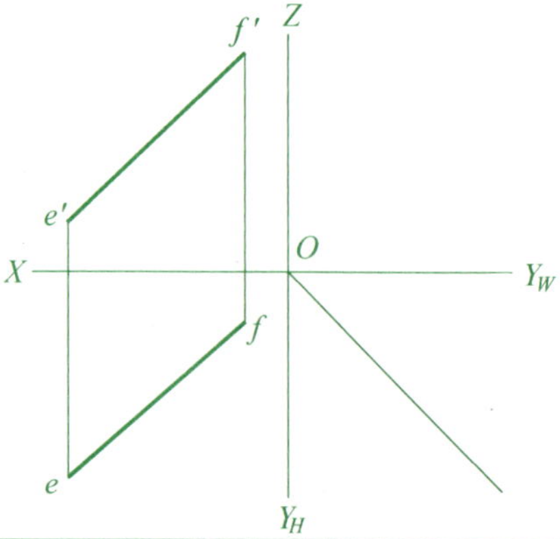

4. 已知线段$AB$上点$K$的$V$面投影$k'$，求$k$。

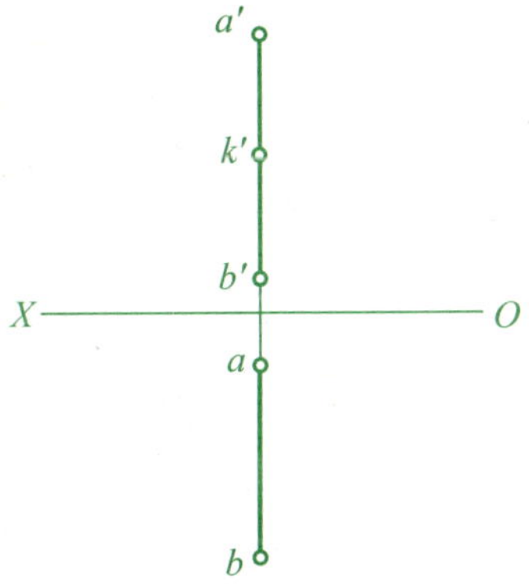


5. 已知线段$AB$的两面投影，求出线段$AB$的实长及其对$H$面和$V$面的倾角$\alpha$、$\beta$。

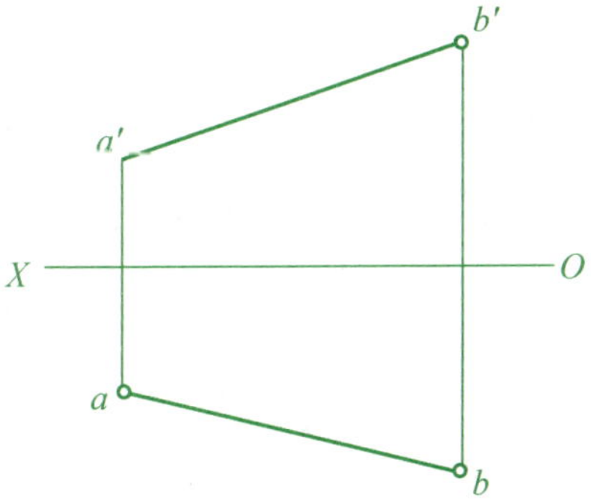


6. 试过点$A$作一实长为30 mm的线段$AB$，使它与$H$面、$V$面的夹角分别为$\alpha=45°$，$\beta=30°$。

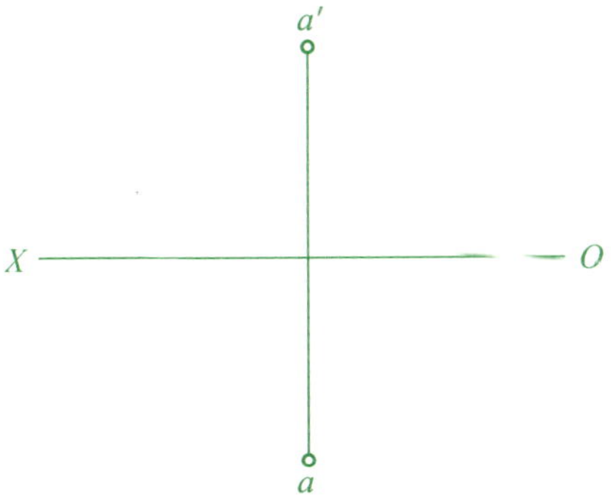


7. 求平面四边形$ABCD$的实形。

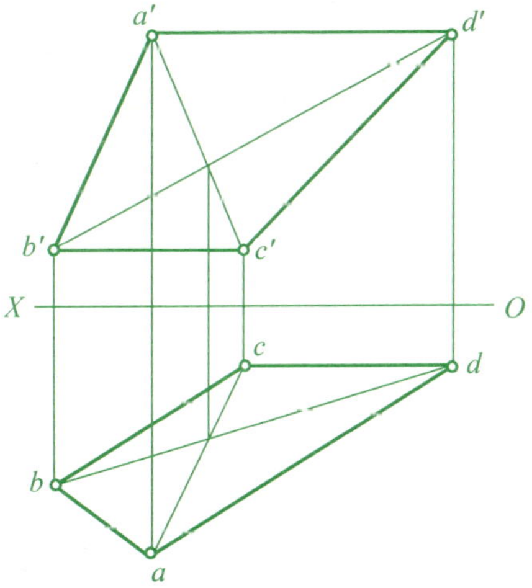

8. 判别下列两直线的相对位置，若有重影点应判别其可见性。

(1)

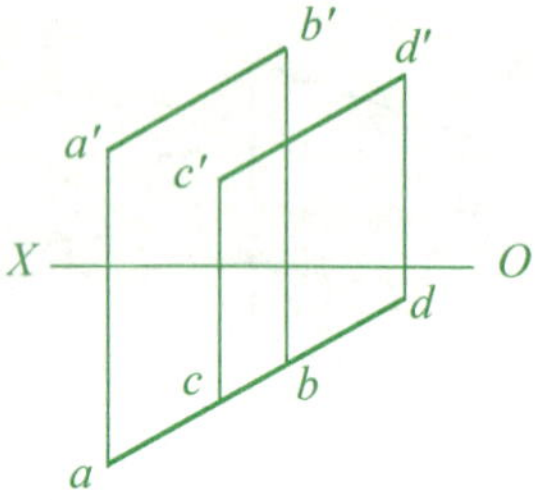


*AB*与*CD* ________

(2)

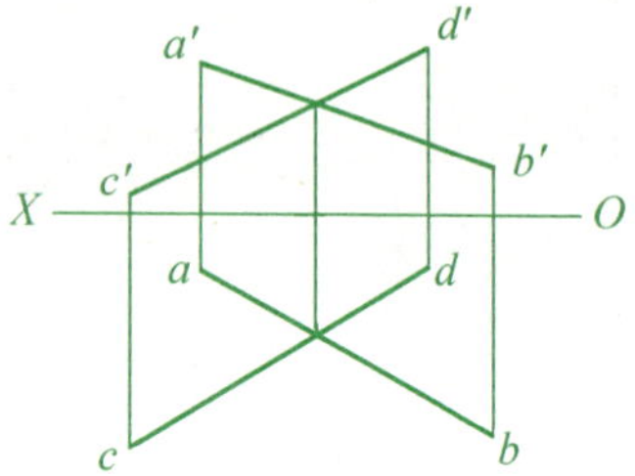


*AB*与*CD* ________

(3)

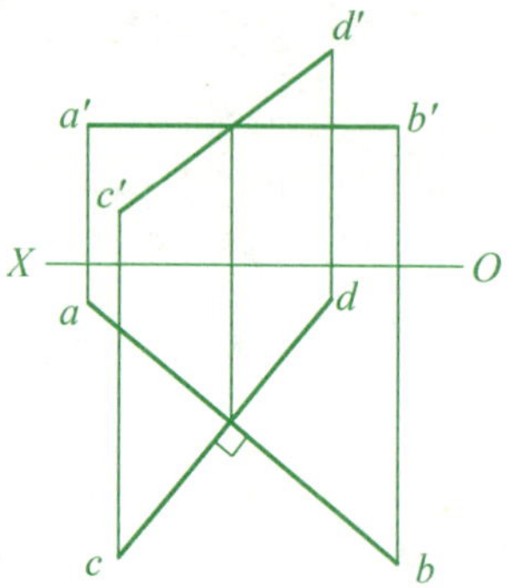


*AB*与*CD* ________

(4)

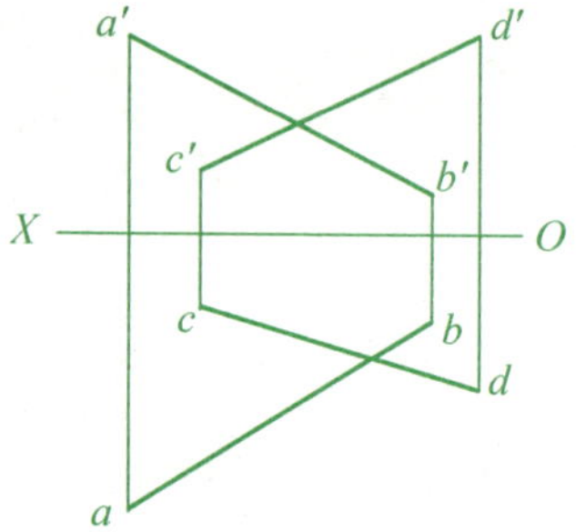


*AB*与*CD* ________

9. 判别*AB*、*CD*、*EF*三直线的相对位置，若有重影点应判别其可见性。

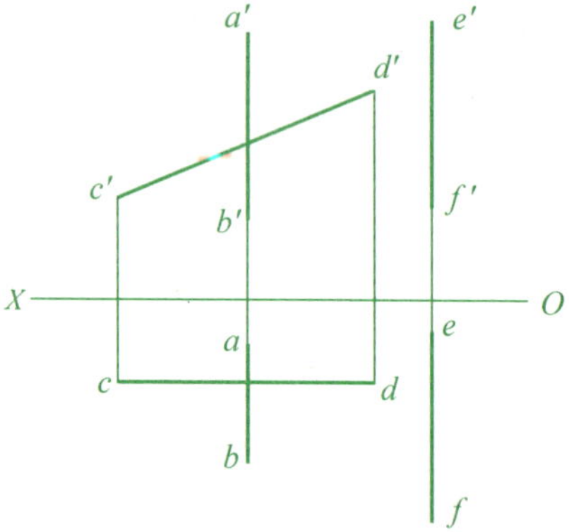


*AB*与*CD* ________

*AB*与*EF* ________

*CD*与*EF* ________

10. 试作一直线*MN*平行于*AB*，且与*CD*、*EF*相交。

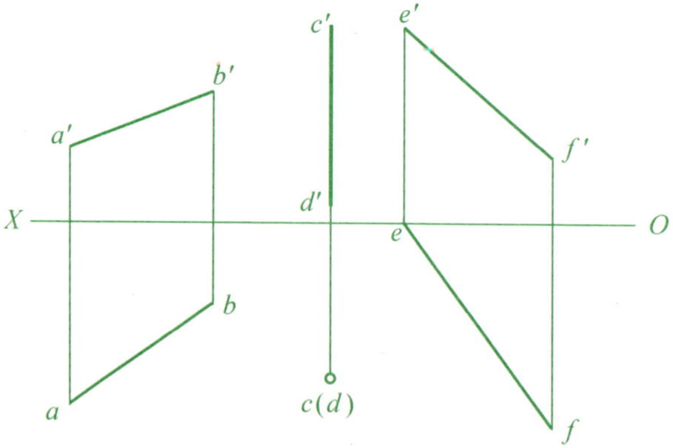

11. 求作水平线 *MN* 与交叉三直线 *AB*、*CD*、*EF* 相交。

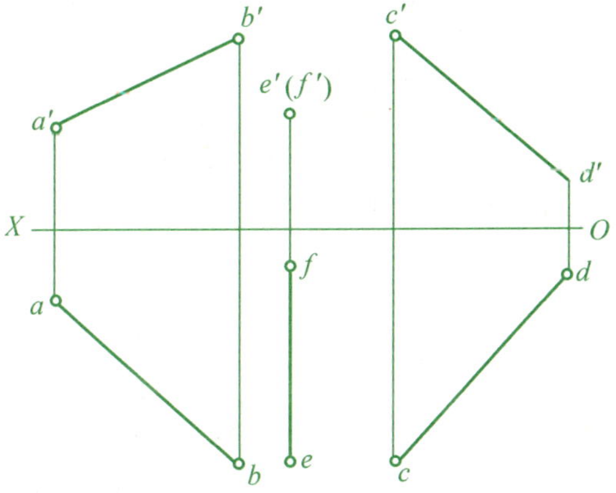


12. 已知正平线 *CD* 与直线 *AB* 相交于点 *K*，*AK* 的长度为 20 mm，且 *CD* 与 *H* 面的夹角为 60°，试求作 *CD* 的投影。

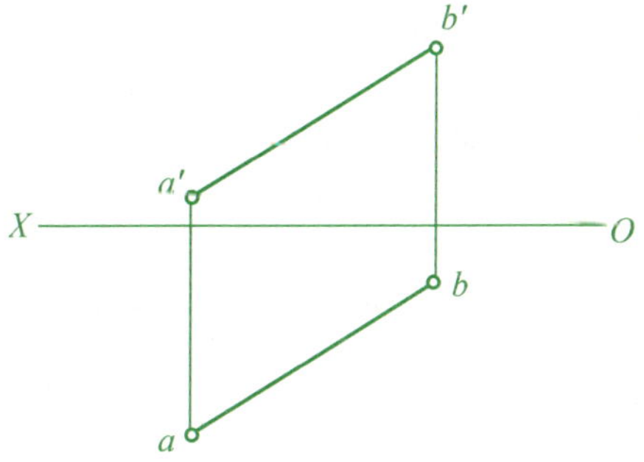


13. 求两交叉直线 *AB*、*CD* 间的距离。

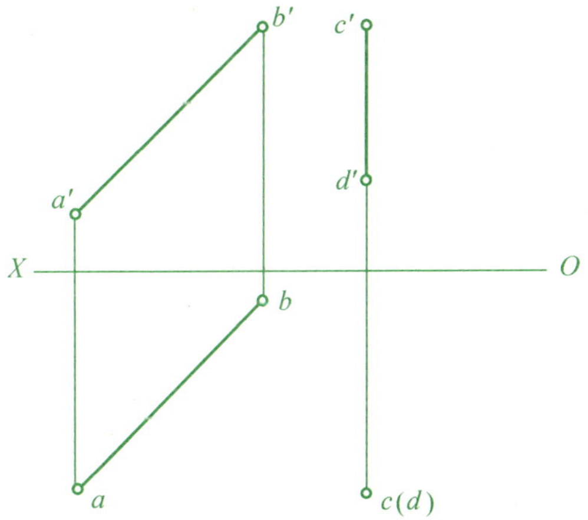


14. 已知等腰三角形 *ABC* 之底边 *BC* 的两面投影（*bc*，*b′c′*；*bc*∥*OX*），试完成该三角形的投影，使其高与 *H* 面成 60° 倾角且实长等于底边。

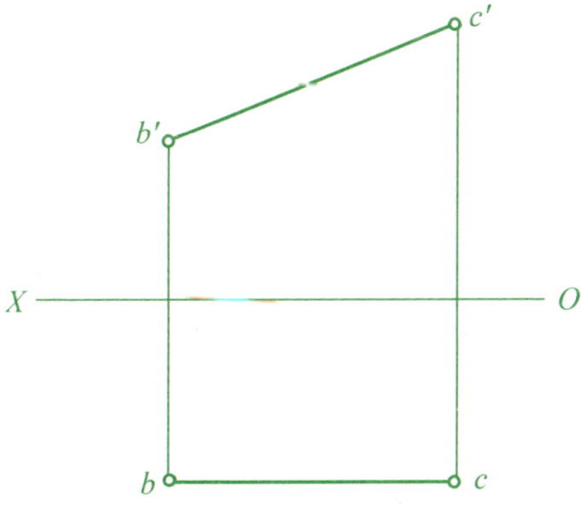

班级　　　　姓名　　　　学号

## 3-3　平面的投影

1. 完成平面的投影：
(1) 已知平面由相交两直线*AB*、*CD*组成。
(2) 已知△*ABC*为一水平的等边三角形。

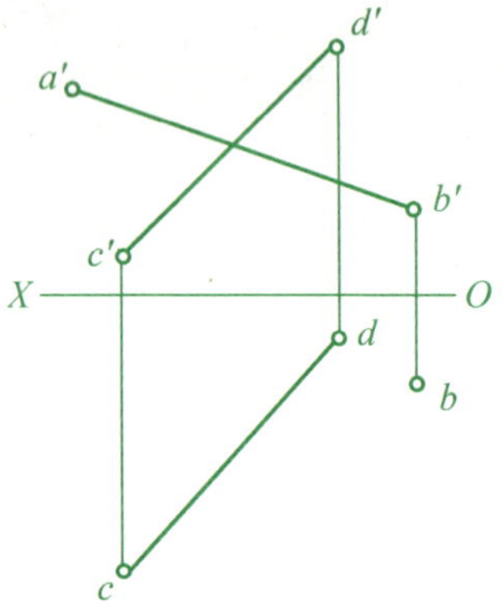


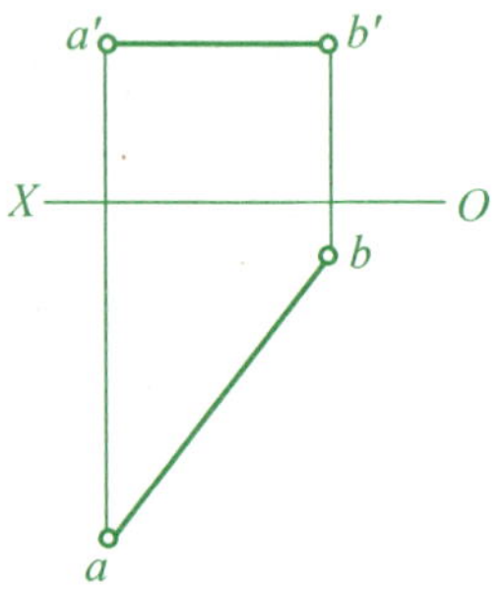


2. 在投影图中标出轴测图中所指出的各平面的三面投影，并分别指出属何种位置平面。

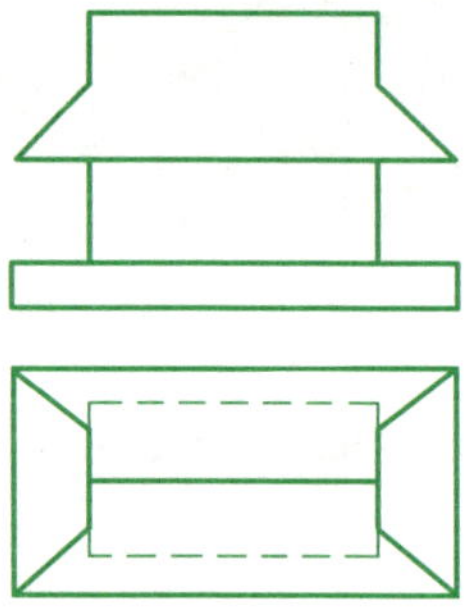

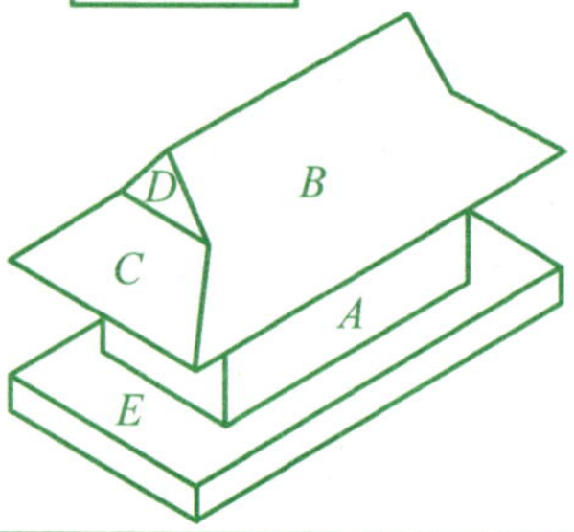


*A*是________面，　*D*是________面，
*B*是________面，　*E*是________面。
*C*是________面，

3. 已知立体表面*A*为正垂面，完成它的*H*面投影。

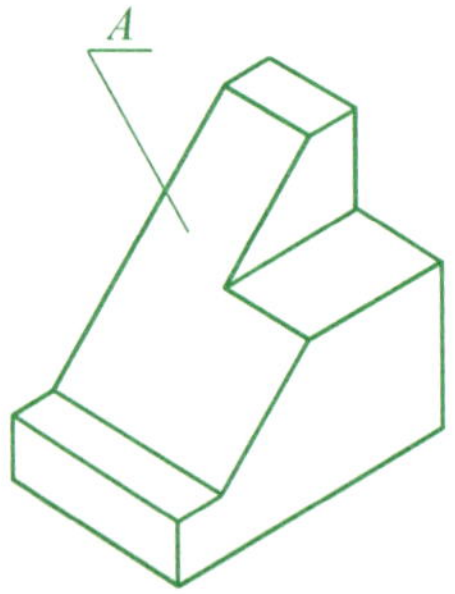


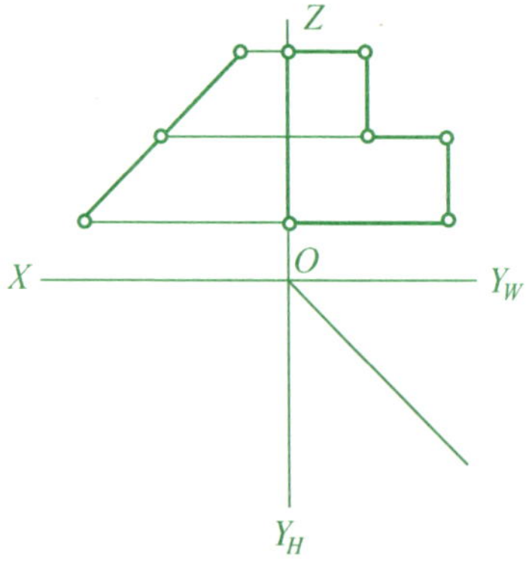


4. 已知等腰△*ABC*之底边*BC*的两投影（*ab*，*b'c'*；*b'c'*//*OX*），其高等于底边，且垂直于*H*面。求作△*ABC*的三面投影。

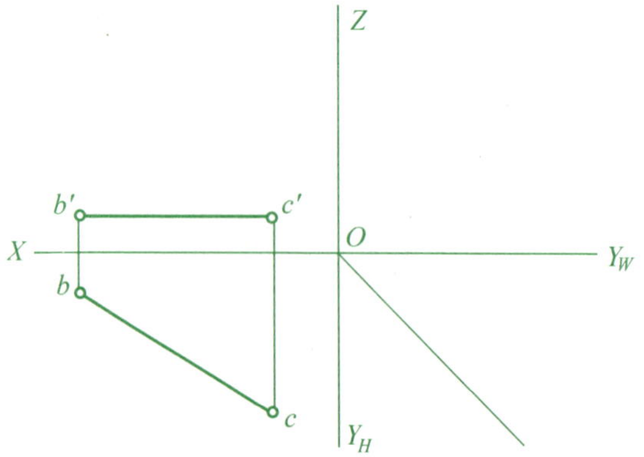

5. 已知矩形*ABCD*的每一点都各自与*H*面、*V*面等距，求作矩形的*V*面和*W*面的投影。

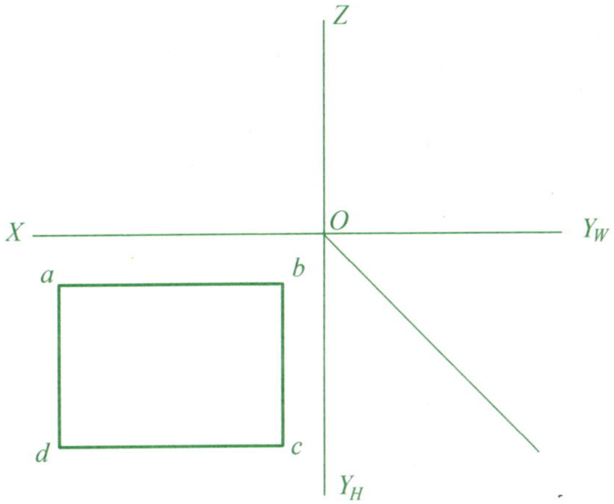


6. (1) 过点*B*作△*ABC*垂直*V*面，使 $\alpha=30°$，是否为唯一解？
(2) 过点*N*作▱*MNKL*垂直*H*面，使 $\beta=45°$，是否为唯一解？

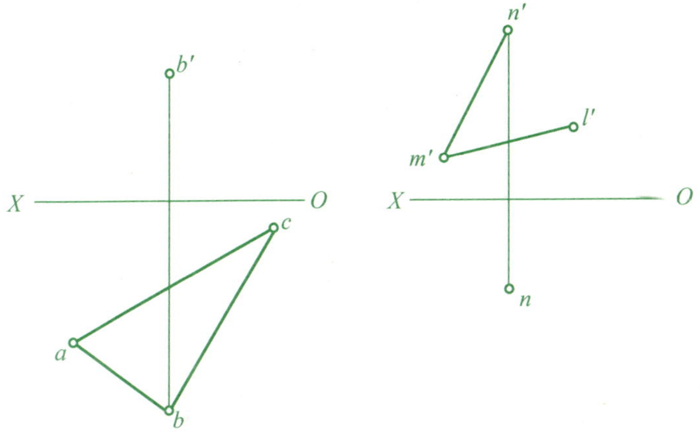


7. 判别点*K*是否在下列平面上。

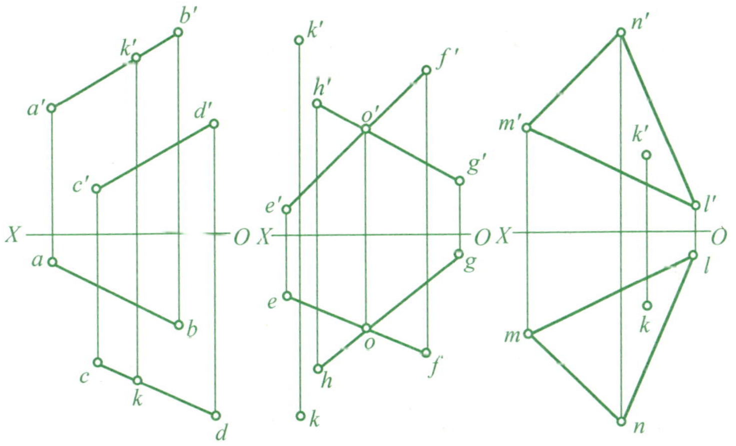


8. 求△*ABC*上距*H*面和*V*面均为15 mm的点*D*的投影。

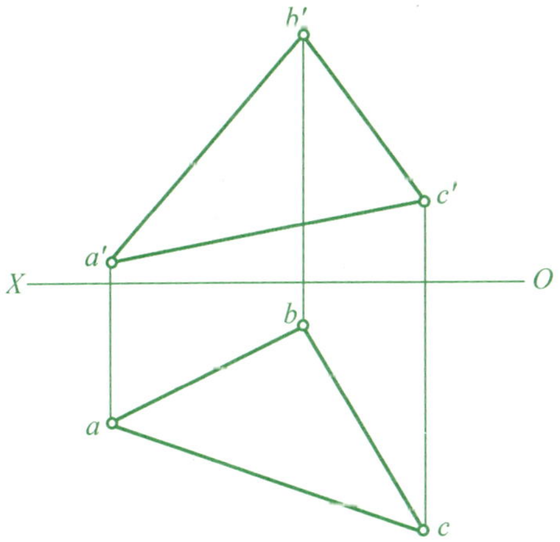

9. 判断点K、直线EF是否属于给定的平面。

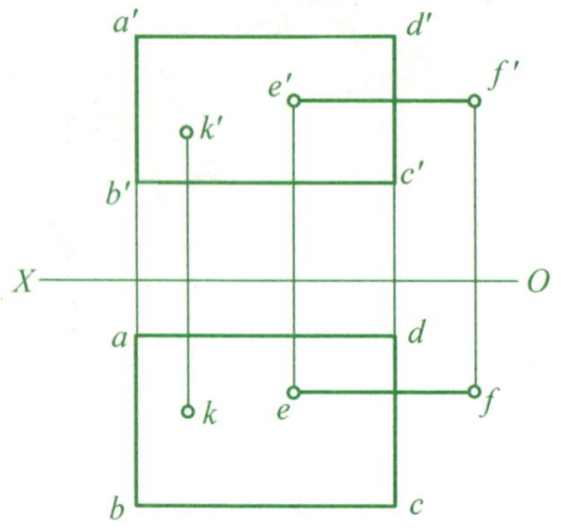


10. 试判断三条平行直线是否属于同一平面。

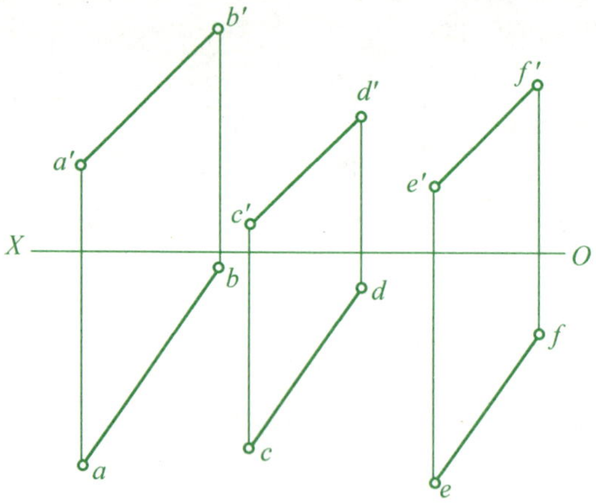


11. 完成平面五边形ABCDE的H面投影，其中AE为正平线。

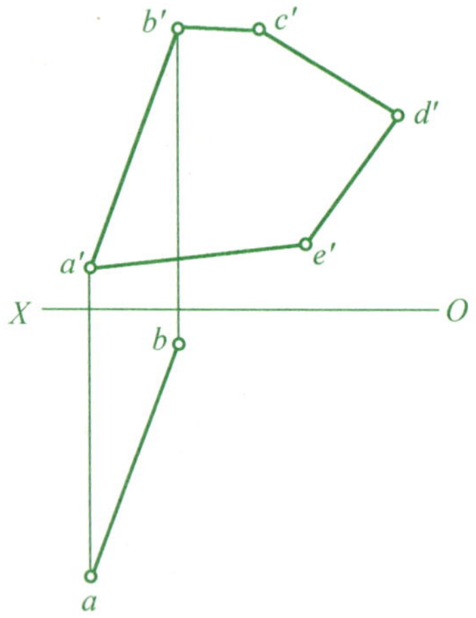


12. 已知平面▱ABCD上K形字的V面投影，求它的H面投影。

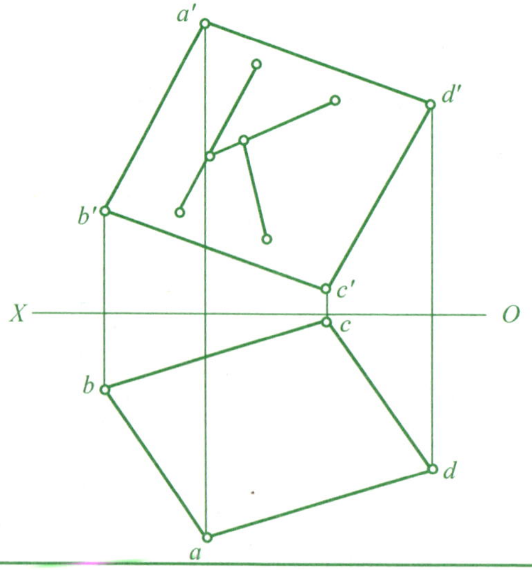

13. 补绘下列立体的 $W$ 面投影，并绘出立体表面上的点或直线的其他投影。

(1)

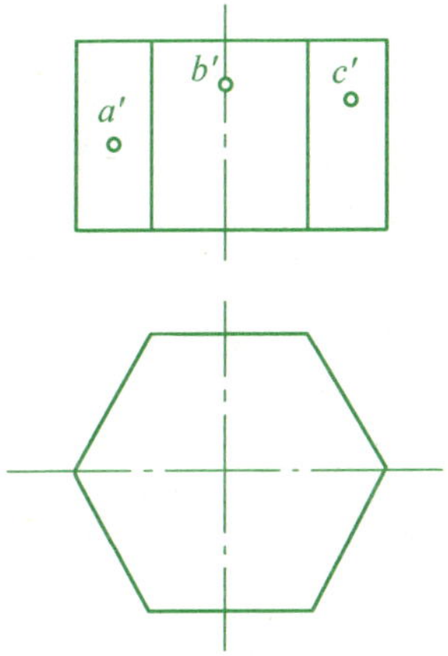


(2)

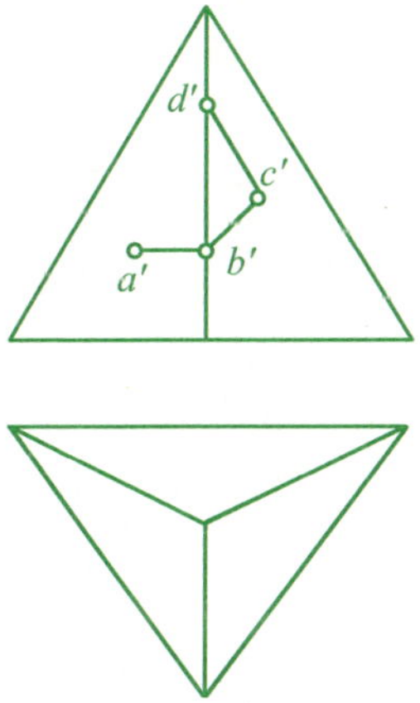


14. 求作两相交直线 $AB$、$CD$ 所确定平面的迹线。

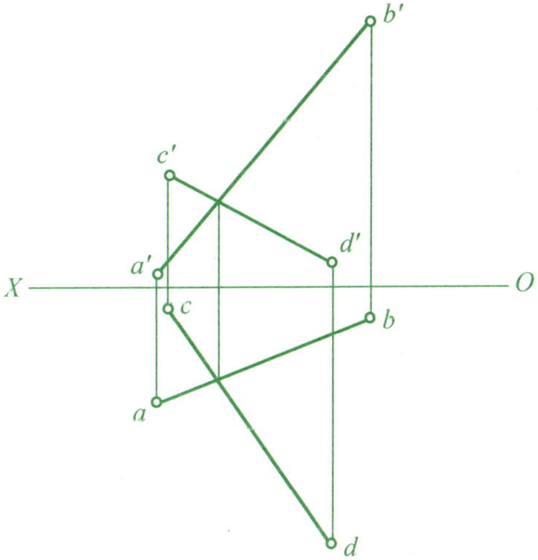


15. 求平面△$ABC$ 对 $H$ 面、$V$ 面的倾角 $\alpha$、$\beta$。

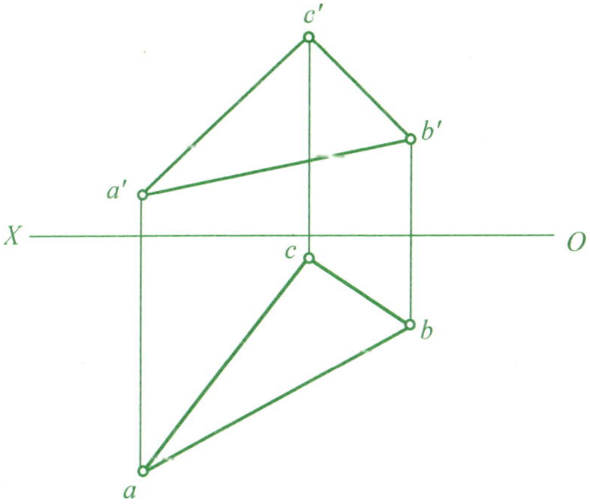

## 3-4　直线与平面、平面与平面的相对位置

1. 判别直线EF是否与平面△ABC平行。

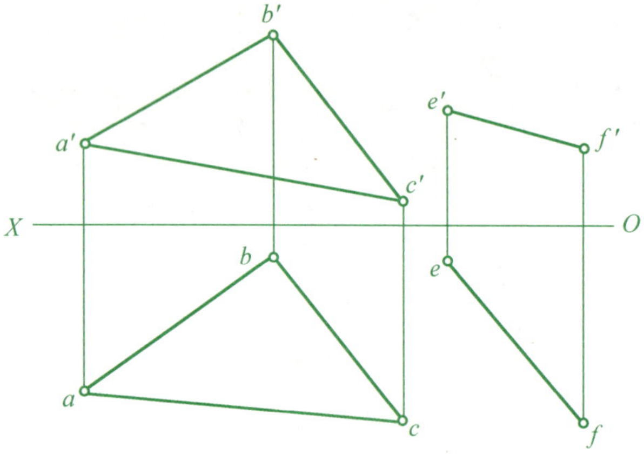


2. 判别△ABC与▱DEFG两平面是否相互平行。

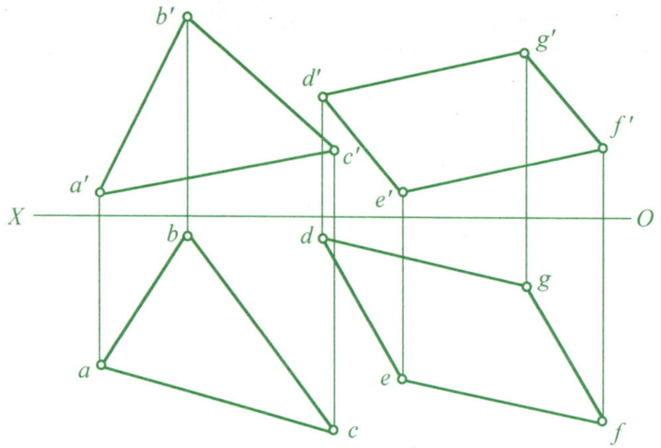


3. 已知直线MN和平面△EFG均与平行两直线AB和CD所给定的平面平行，求作MN和平面△EFG的另一投影。

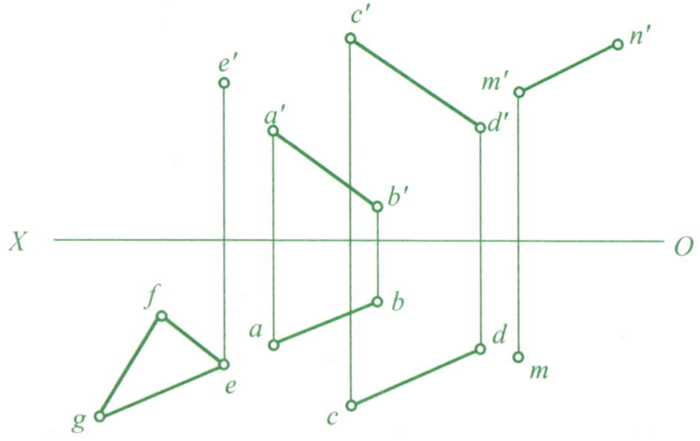


4. 求作直线EF与平面△ABC的交点K，并判别可见性。

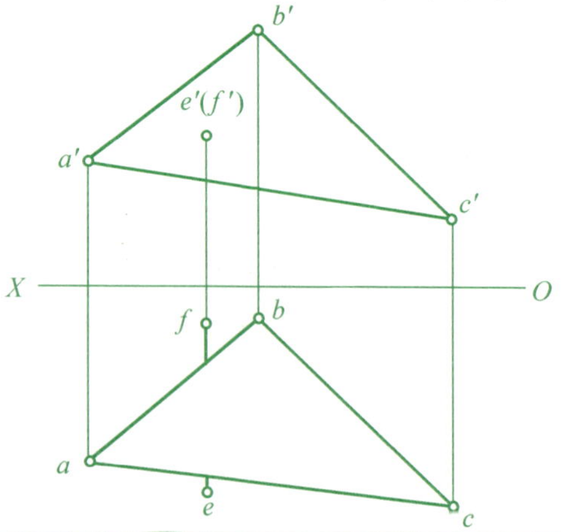

5. 求作直线EF与平面ABCD的交点K，并判别可见性。

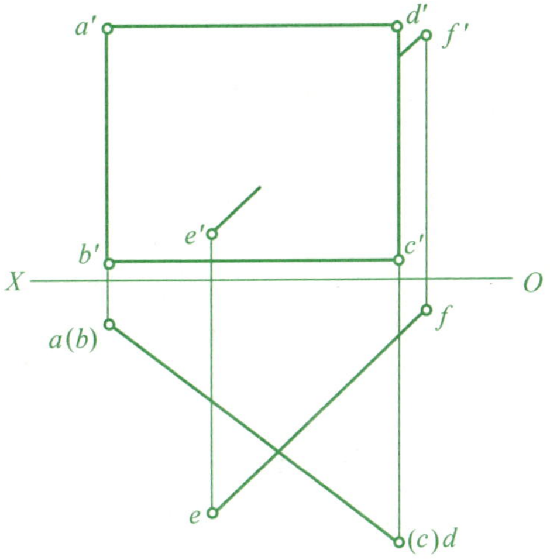


6. 求作直线EF与平面△ABC的交点K，并判别可见性。

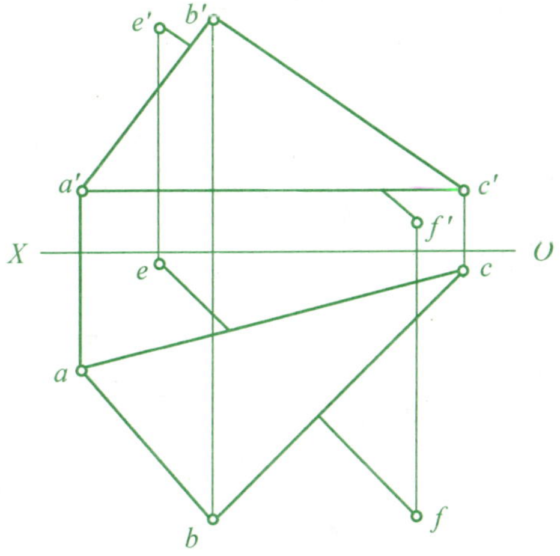


7. 求作直线EF与平面ABCD的交点K，并判别可见性。

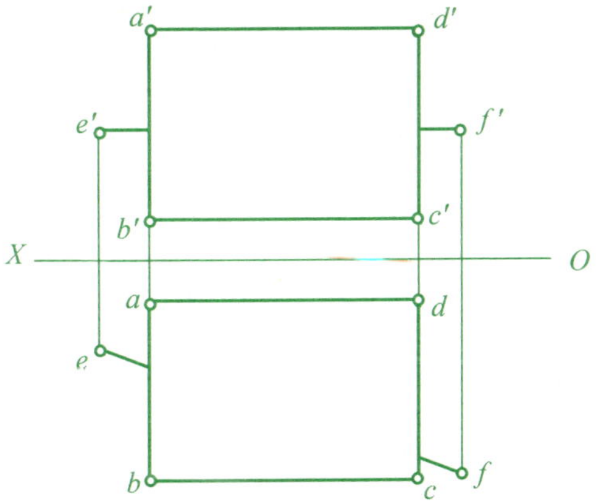


8. 求作平面△EFG与平面ABCD之交线MN，并判别可见性。

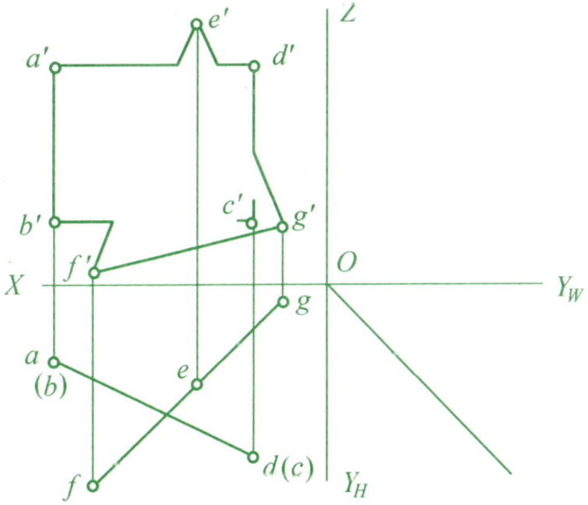

9. 求作两平面的交线，并判别可见性。

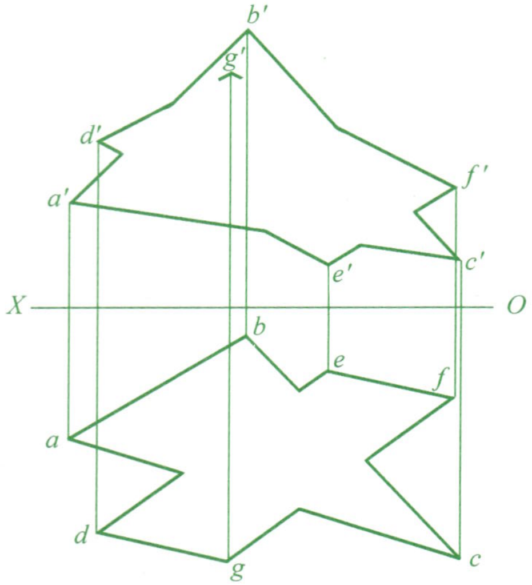


10. 求作两平面的交线，并判别可见性。

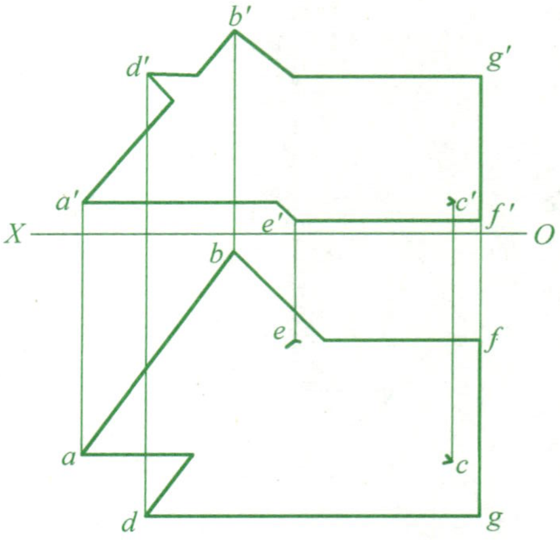


11. 求作两平面的交线，并判别可见性。

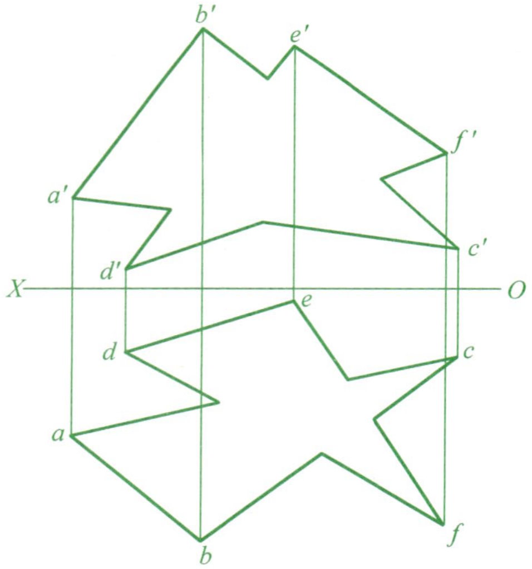


12. 求作两平面的交线。

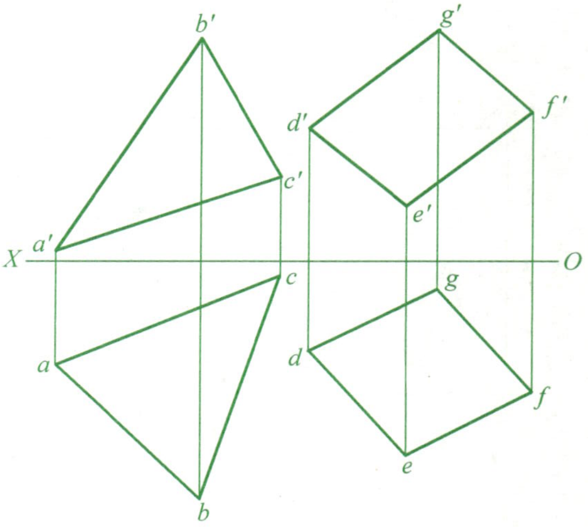

13. 过点$K$作平面的垂线，并求出垂足。

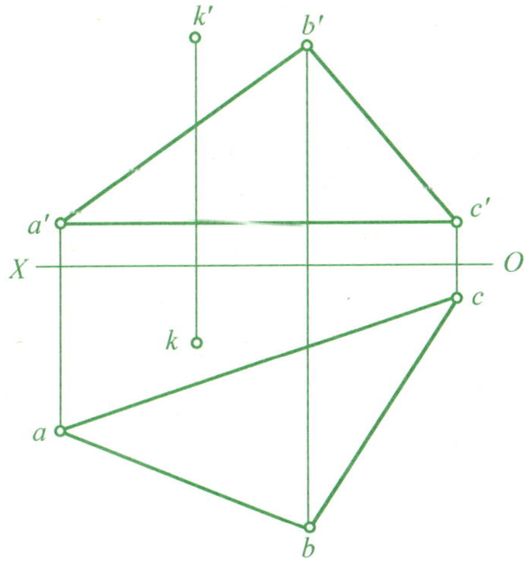


14. 过平面▱$ABCD$上的点$K$，作平面▱$ABCD$之垂线。

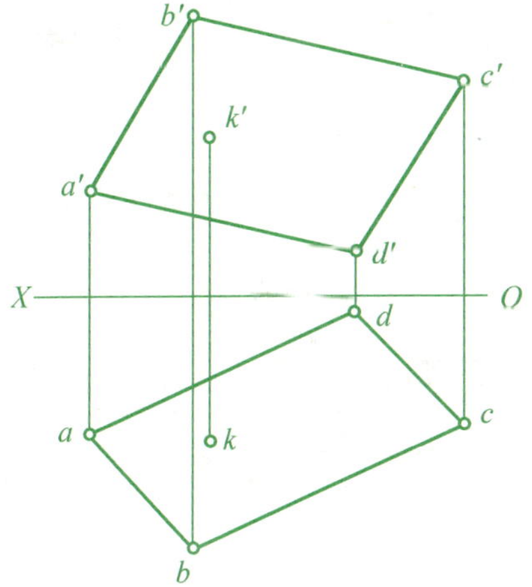


15. 作图判断两平面是否互相垂直。

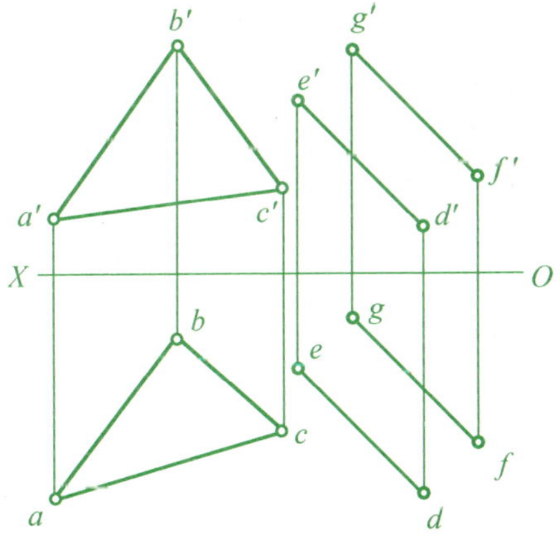


16. 已知矩形$ABCD$一边的两投影及其邻边的一个投影，试完成该矩形$ABCD$的投影图。

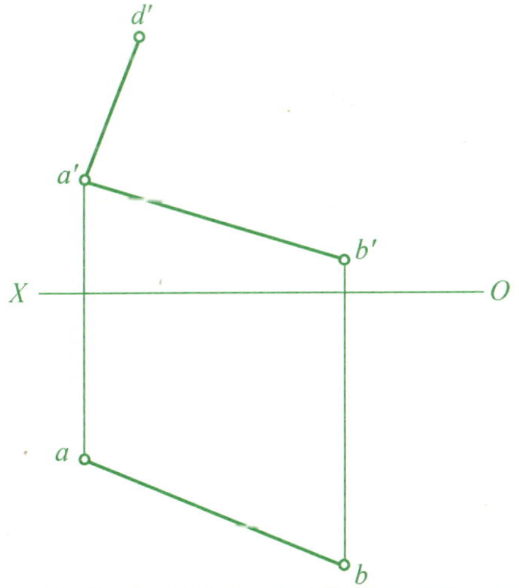

## 3–5　点、直线、平面综合应用题

1. 已知*AB*、*CD*、*EF* 三直线，试求作一直线，使其与*CD*、*EF* 相交，并平行于*AB*。

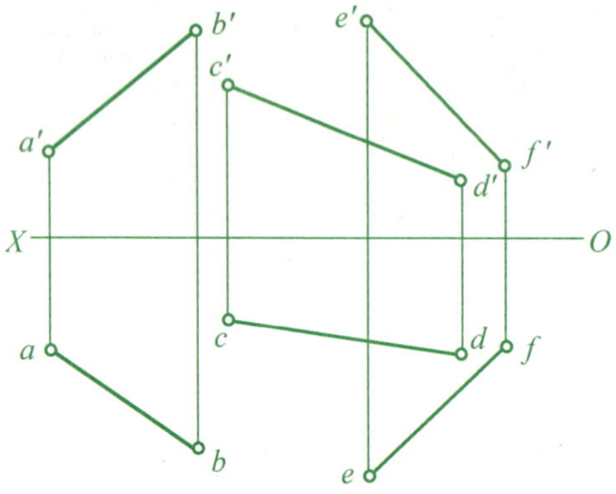


2. 求点*K* 到直线*AB* 的距离。

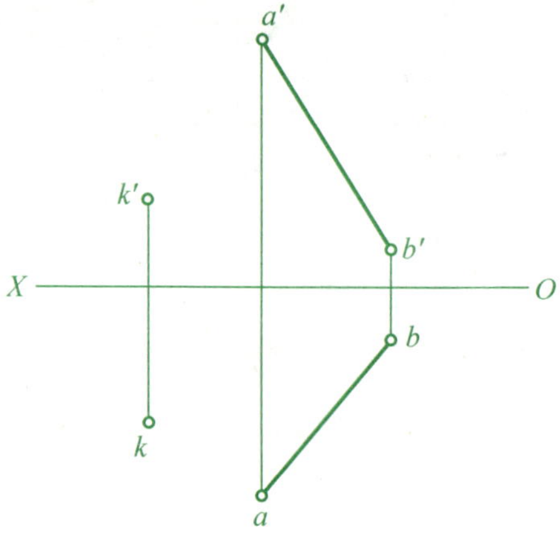


3. 求两平行直线间的距离。

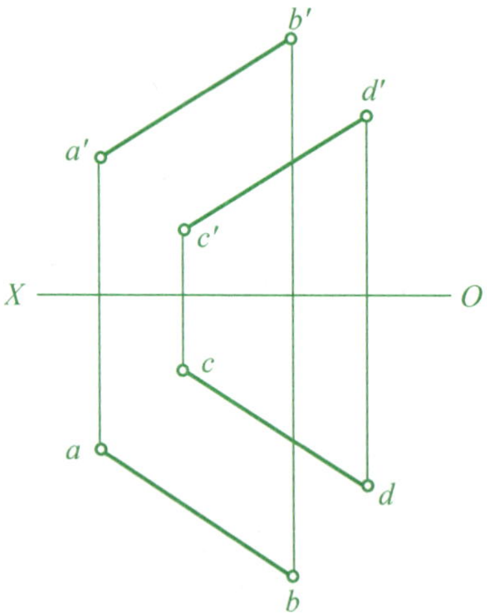


4. 求两平行平面间的距离。

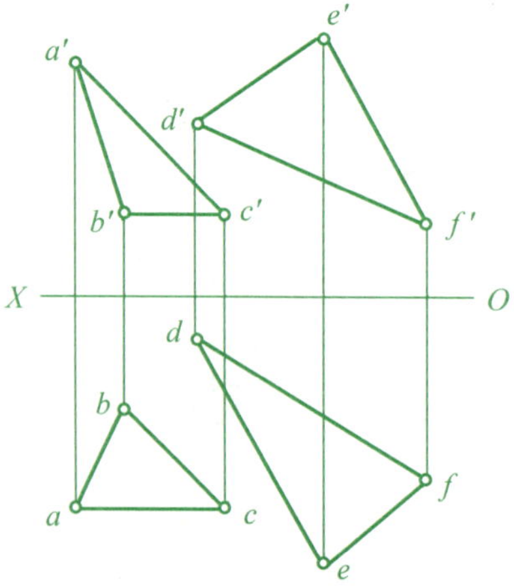

5. 求作平面$ABCD$上与点$E$和$F$等距的点的轨迹。

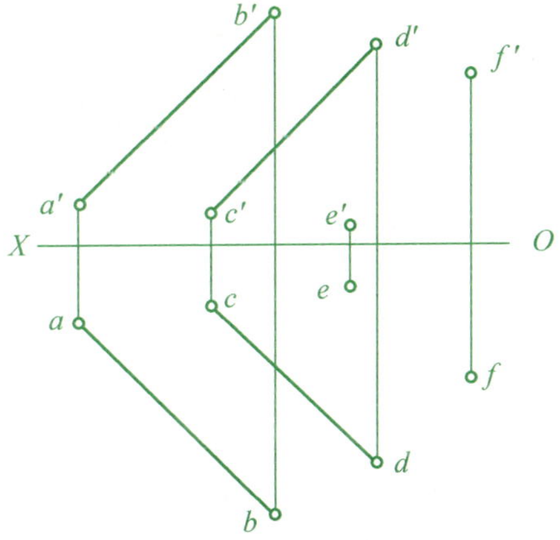


6. 求直线$EF$与$\triangle ABC$所成的角度。

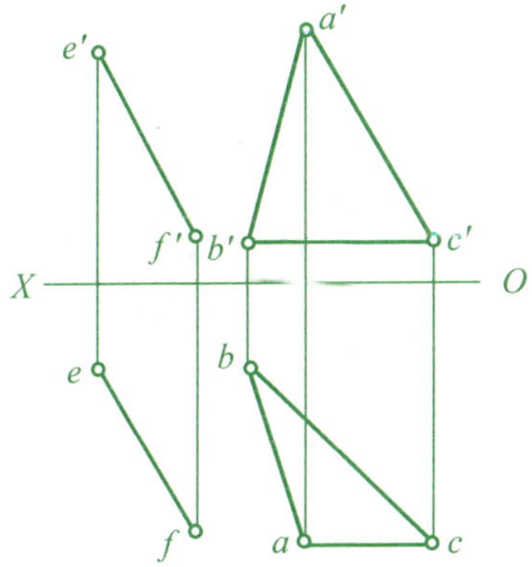


7. 求两平面的夹角（$K$为不属于两平面的点，供作图时选用）。

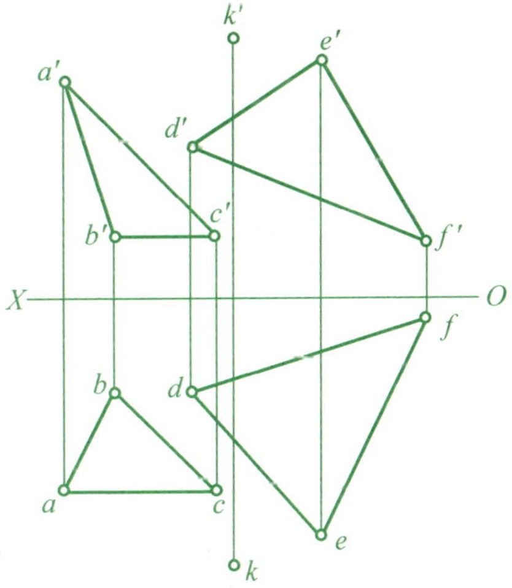


8. 已知$EF$、$MN$、$KL$、$HI$四条直线，求作一矩形$ABCD$，使顶点$A$、$B$、$C$分别在直线$MN$、$KL$、$HI$上，并使$AB /\!/ EF$。

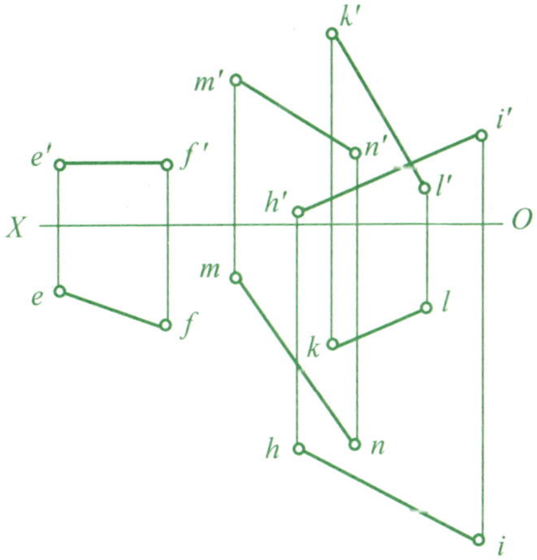

**第四章　投影变换**

4–1　换面法

1. 用换面法求线段*AB*的实长及对*H*面的倾角 α。

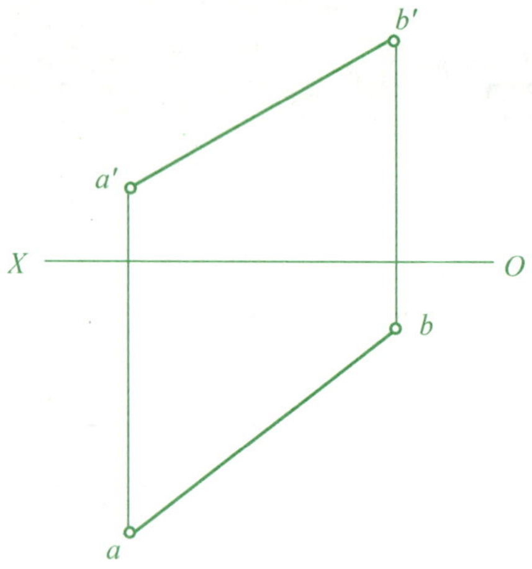


2. 用换面法将直线*AB*变换为新投影面的垂直线。

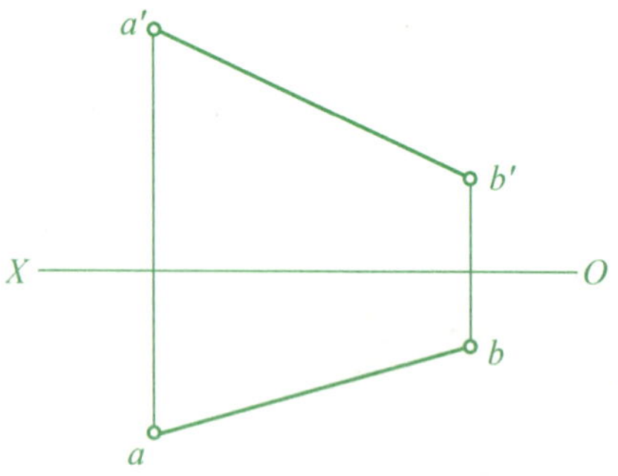


3. 求△*ABC*的实形及其对*H*面的倾角 α。

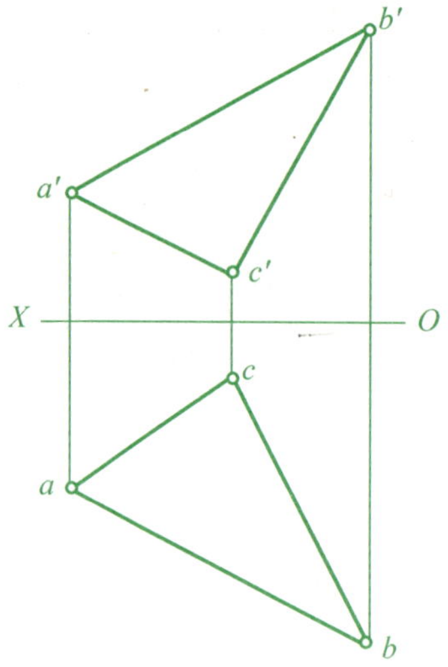

4. 已知直线$AB // CD$，且相距为定长$L$，试用换面法求$c'd'$。本题有几个解。

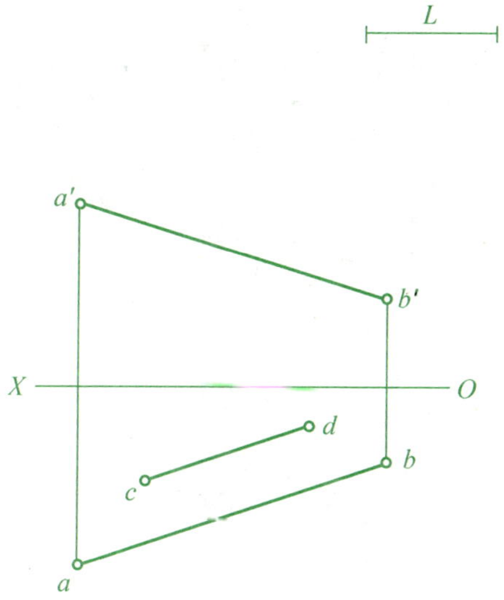


5. 如图所示$AB$、$CD$两段管子，试确定它们之间的最短距离及其所在位置。

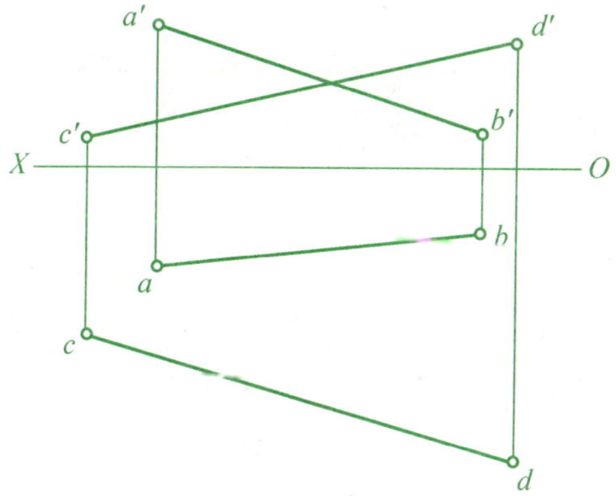

6. 求相交两直线$AB$和$BC$的夹角。

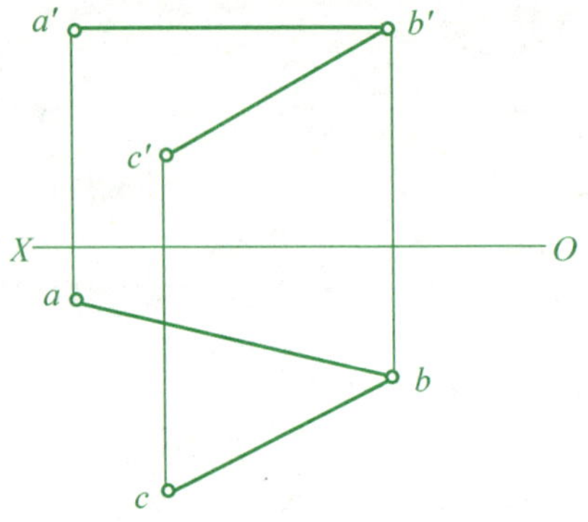


8. 已知两直线$AB$与$CD$垂直相交，求$CD$的$V$面投影。

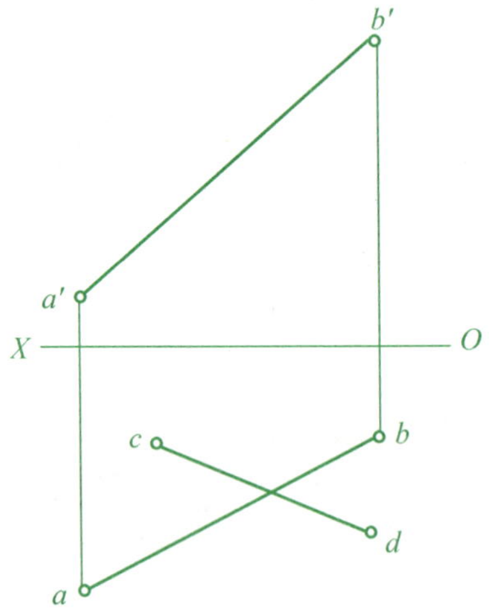


7. 求△$SAB$和△$SBC$的两面角。

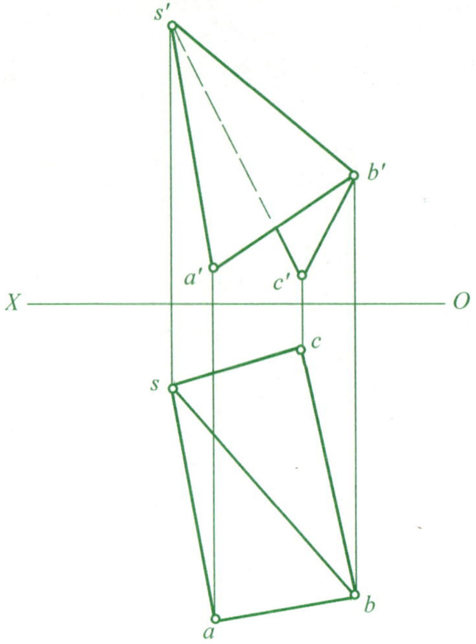

9. 求直线$DE$与平面$\triangle ABC$的交点，并判别其可见性。

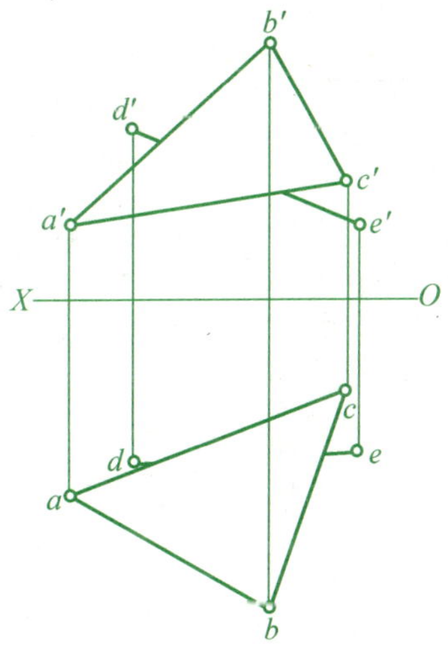


10. 作出两个平面的交线$KL$，并判别其可见性。

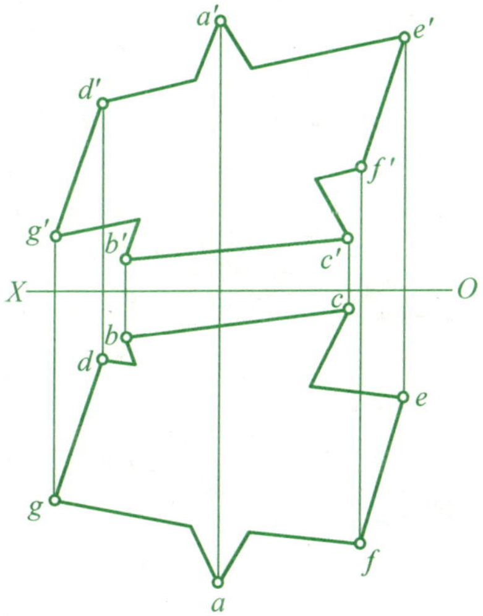

班级　　　　姓名　　　　学号

## 4–2　绕垂直轴旋转法

1. 求线段 $AB$ 的实长及其对 $H$ 面的倾角 $\alpha$。

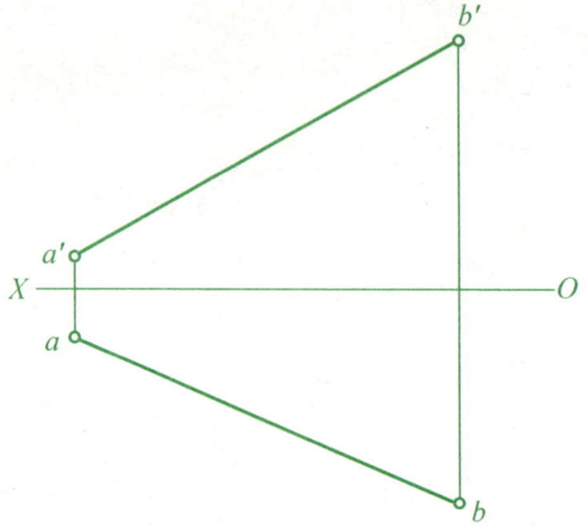


2. 求以 $BC$ 为底边的等腰三角形 $ABC$ 顶点 $A$ 的 $H$ 面投影。

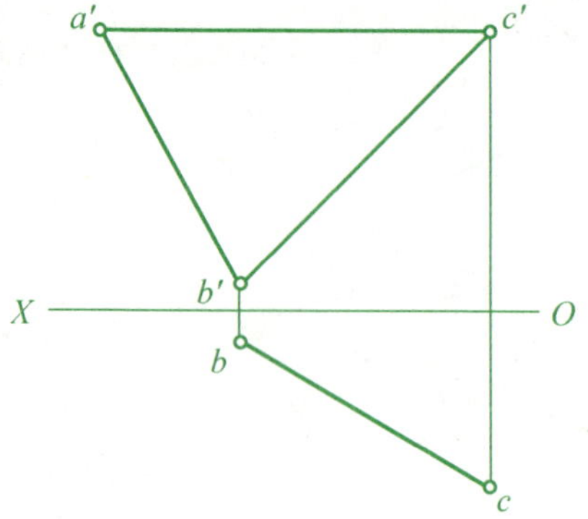


3. 已知线段 $AB$ 的实长为50 mm，求其 $H$ 面投影 $ab$ 及 $AB$ 对 $V$ 面的倾角 $\beta$。

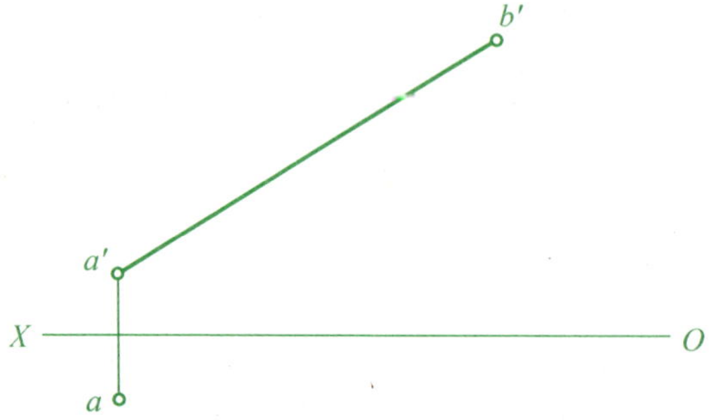


4. 求△$ABC$ 的实形。

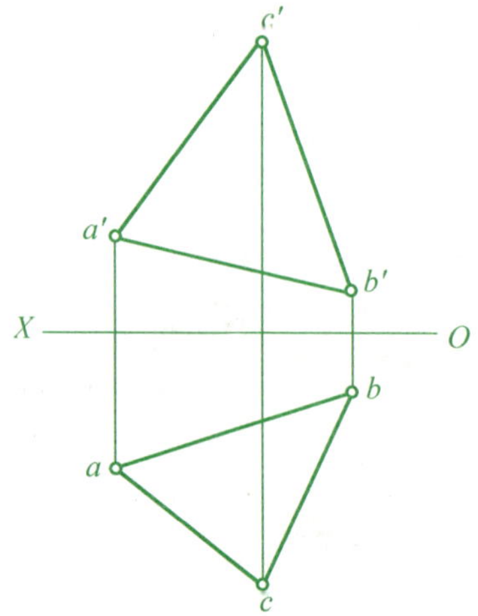

5. 已知直线$AB$、$CD$，使直线$AB$绕$OO_1$轴旋转至与直线$CD$相交。

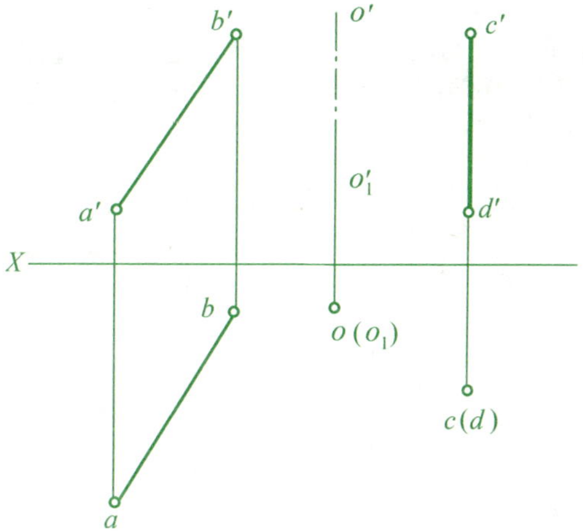


6. 用旋转法求两相交平面△$ABC$和△$ABD$之间的夹角。

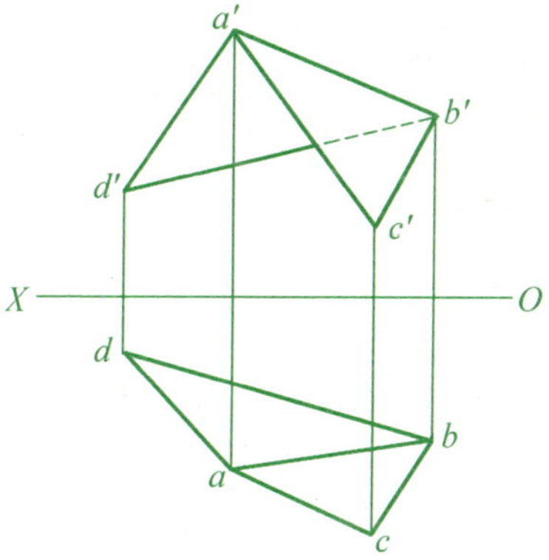


7. 过点$K$作一直线$KL$，使$KL$与已知两直线$AB$、$CD$均垂直（交叉垂直）。（提示：绕$OO_1$轴旋转）

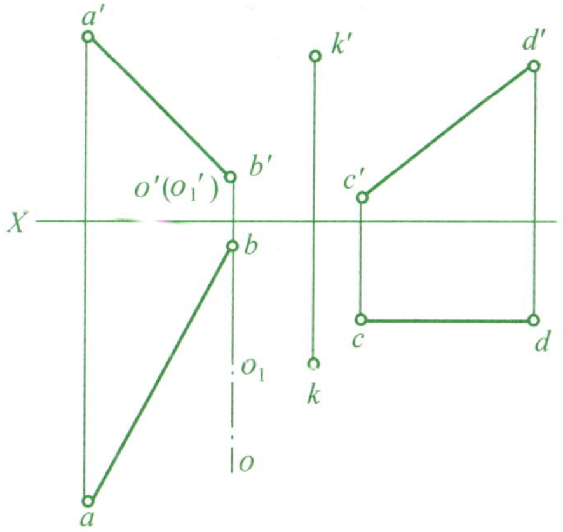


8. 用旋转法求两平行直线$AB$与$CD$之间的距离。

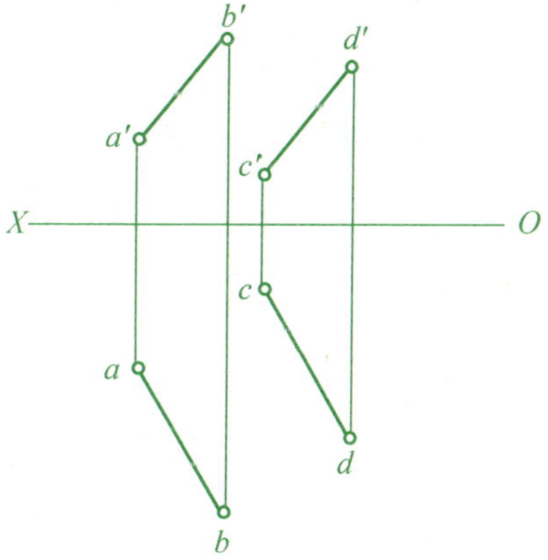

班级　　　　姓名　　　　学号

## 第五章　曲线与曲面

### 5-1　曲线

1. 在如图所示圆柱上作导程为$P_h$的左螺旋线。

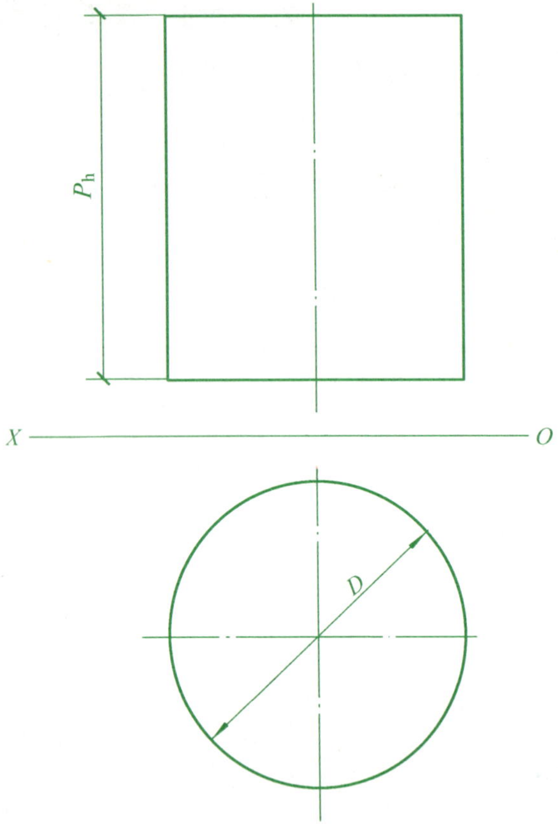


2. 已知平面矩形*ABCD*上一圆，其圆心为*O*，直径为30 mm，求该圆的投影（椭圆）。（提示：利用属于平面上的最大斜度线确定椭圆的短轴。）

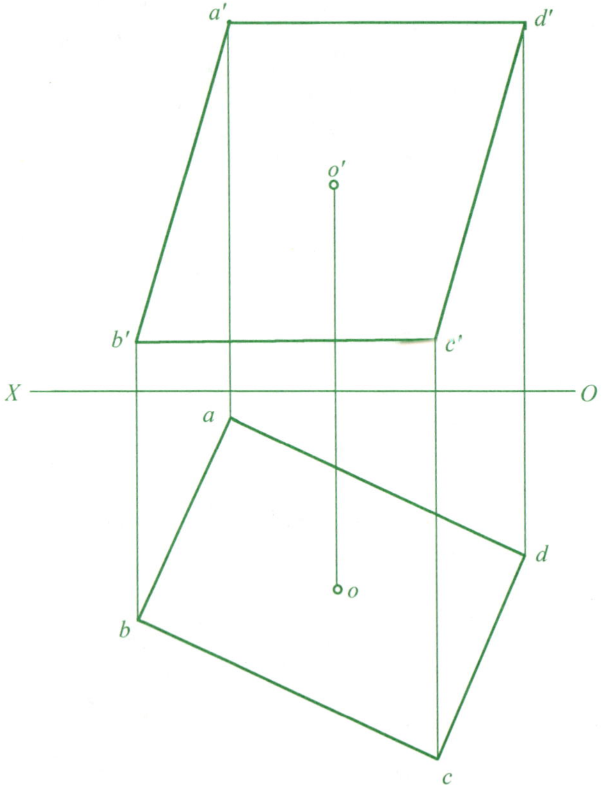

## 5-2　曲面

1. 已知曲导线为右螺旋线，导程为$P_h$，求作大小圆柱之间的正螺旋面。

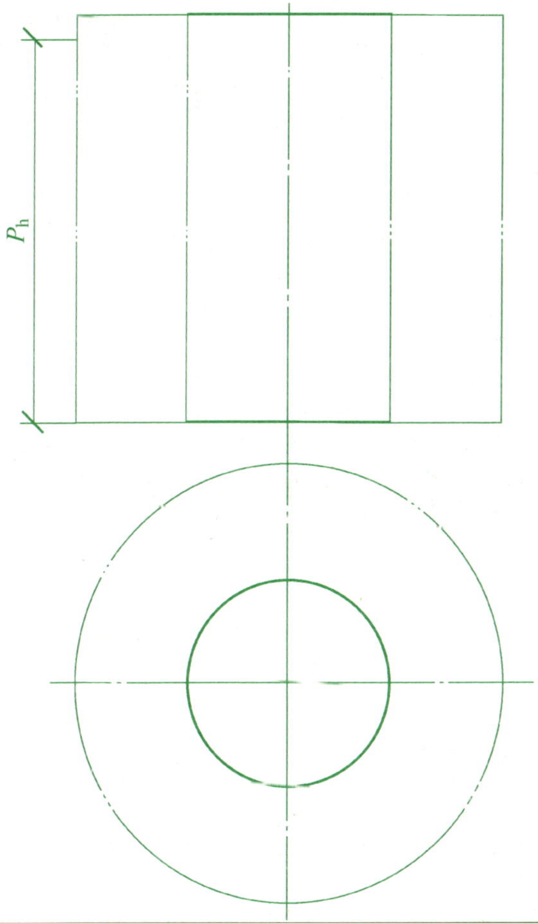


2. 已知楼梯扶手弯头截面的$V$面投影和弯头的$H$面投影，补绘由正螺旋面组成的楼梯扶手弯头的$V$面投影。

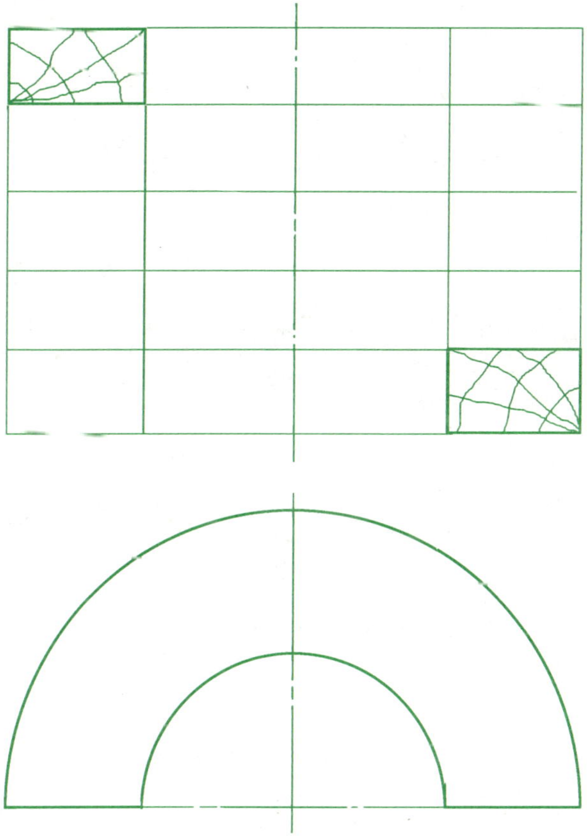

3. 已知如图所示，试求作右螺旋楼梯的 $V$ 面投影。

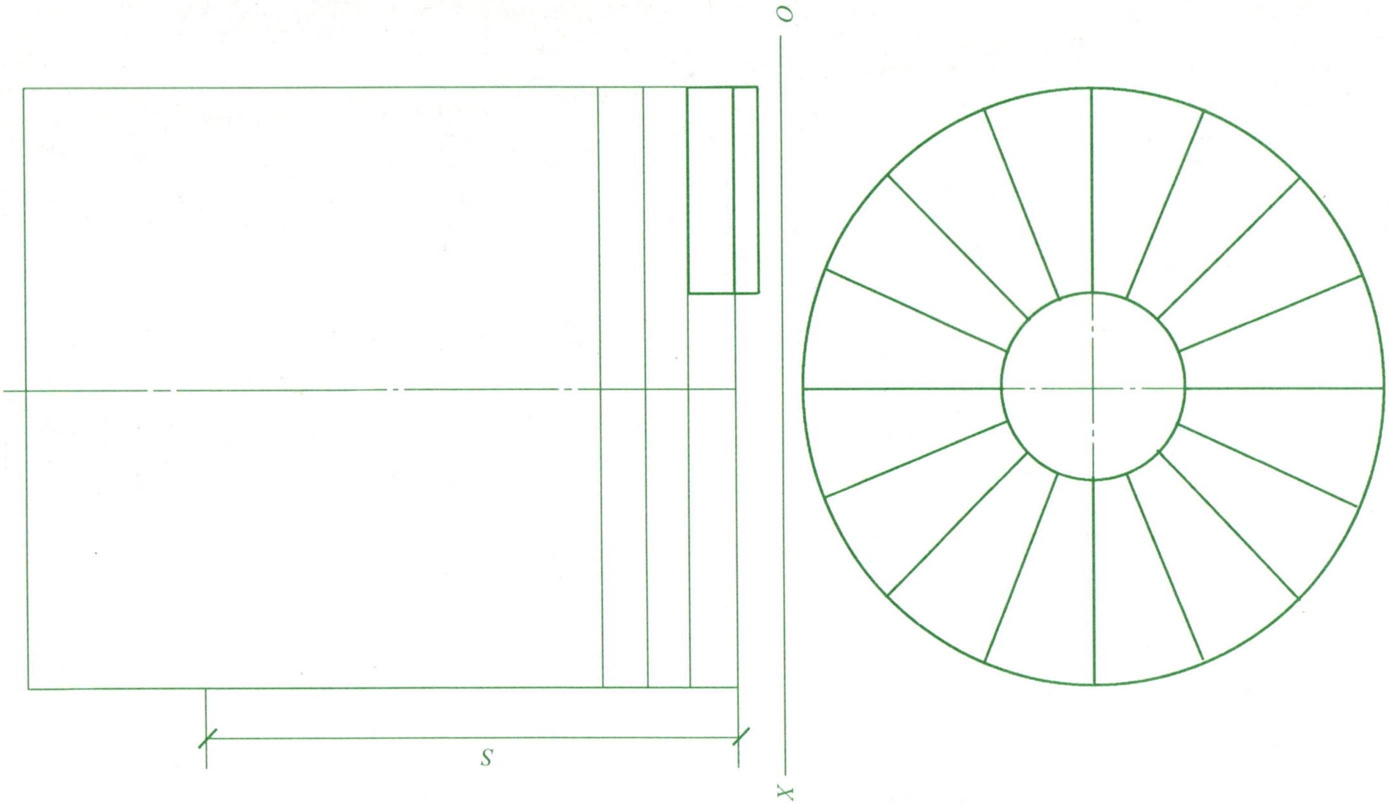

## 第六章　立体的投影

### 6-1　平面立体

1. 完成下列平面立体及其表面上各点的三面投影。

(1)

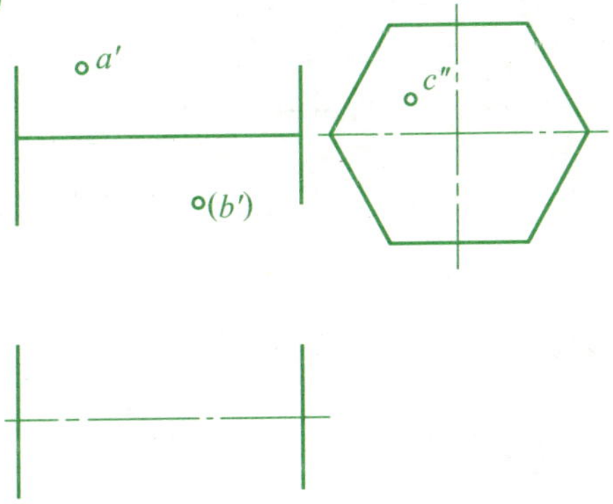


(2)

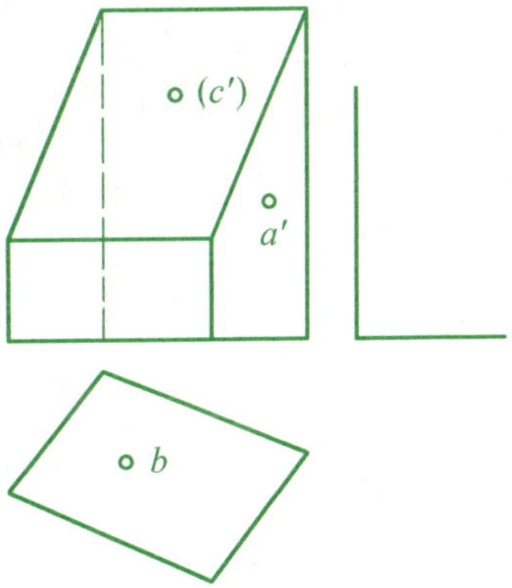


(3)

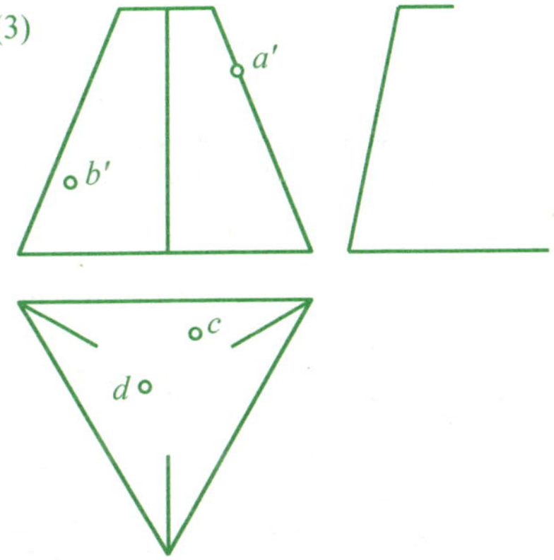


2. 完成下列平面立体及其切口的三面投影。

(1)

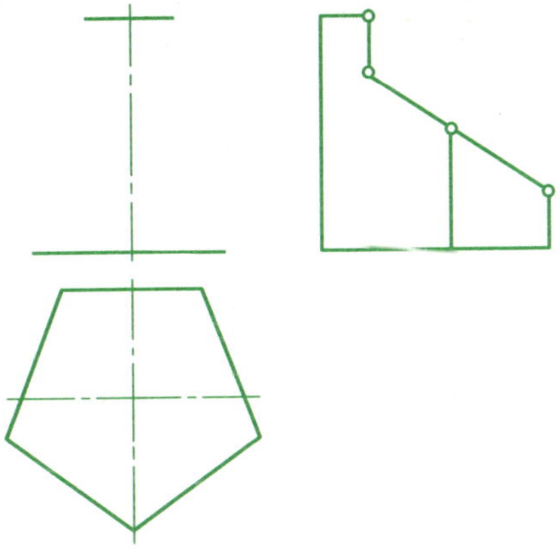

(2)

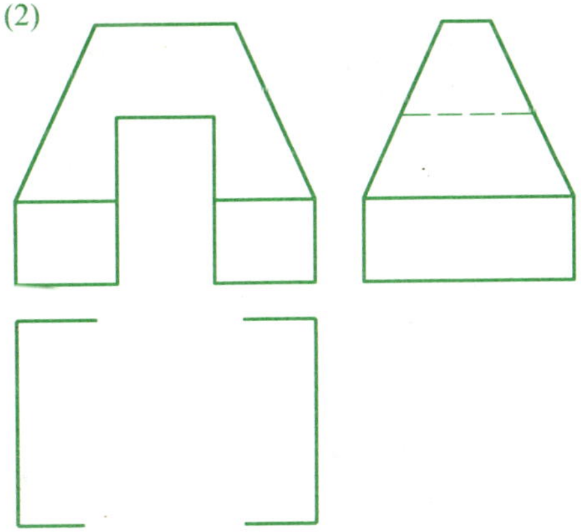

(3)

## 6-2　曲面立体

1. 完成下列曲面立体及其表面上各点的三面投影。

(1)

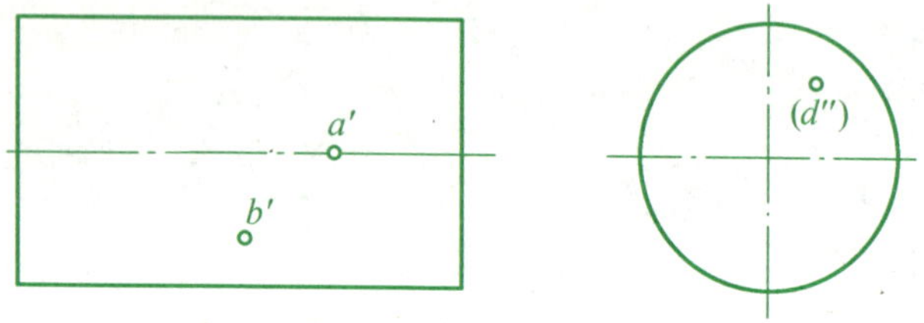


(2)

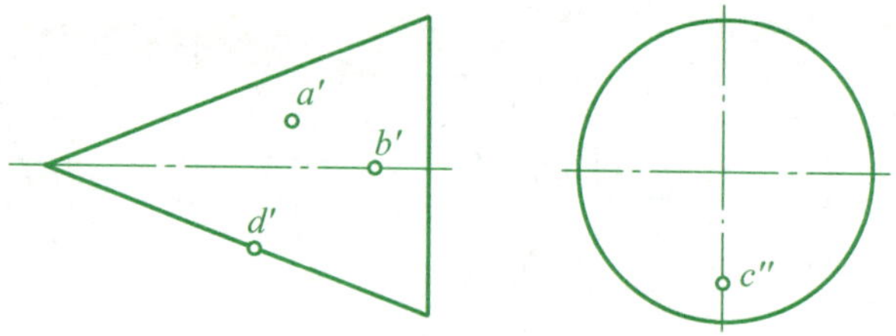


(3)

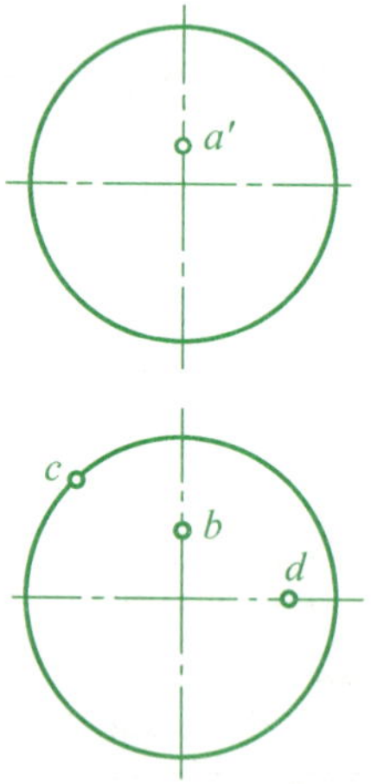


(4)

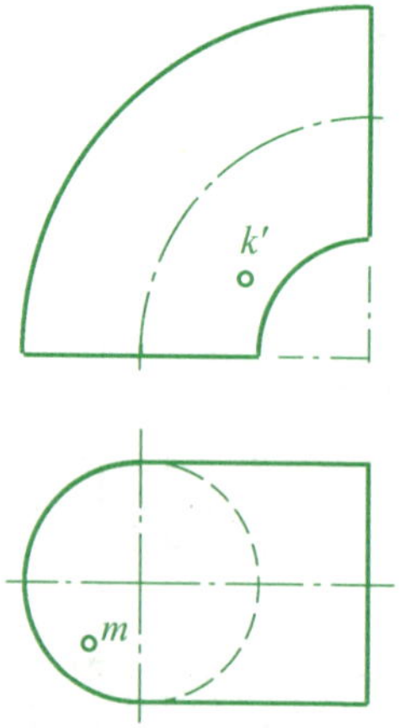

2. 完成下列曲面立体及其表面上各线的三面投影。

(1)

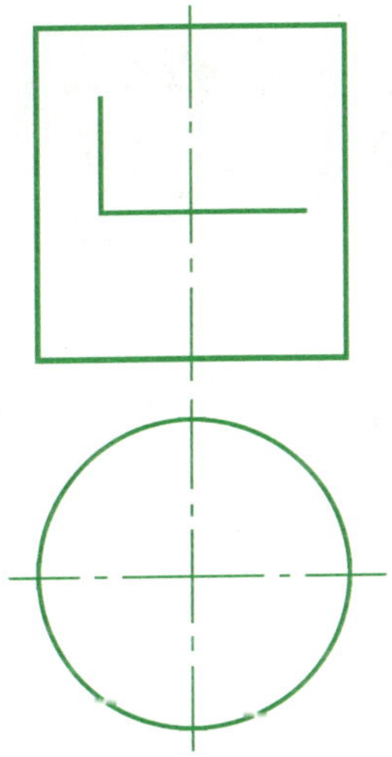

(2)

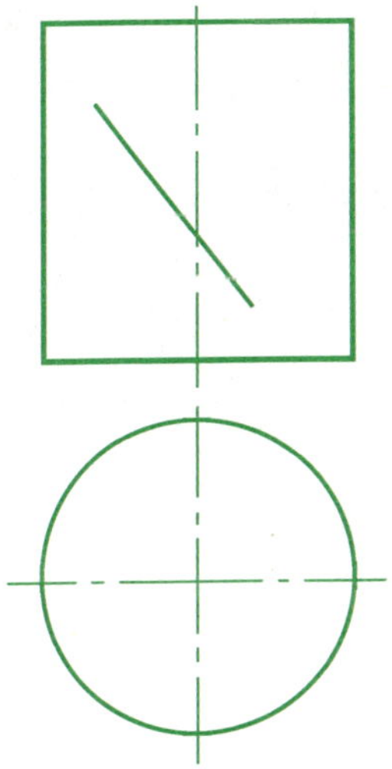

(3)

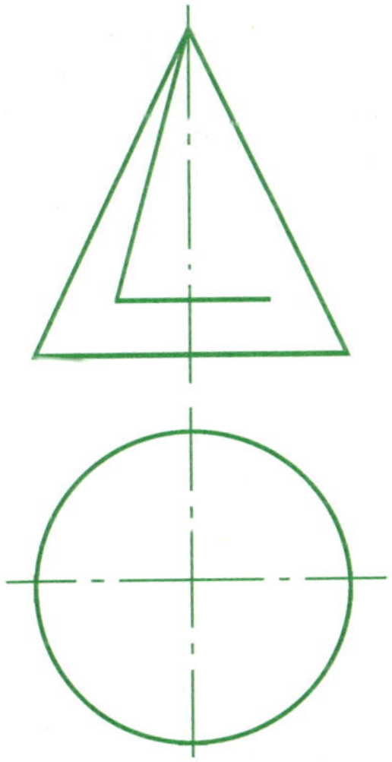

(4)

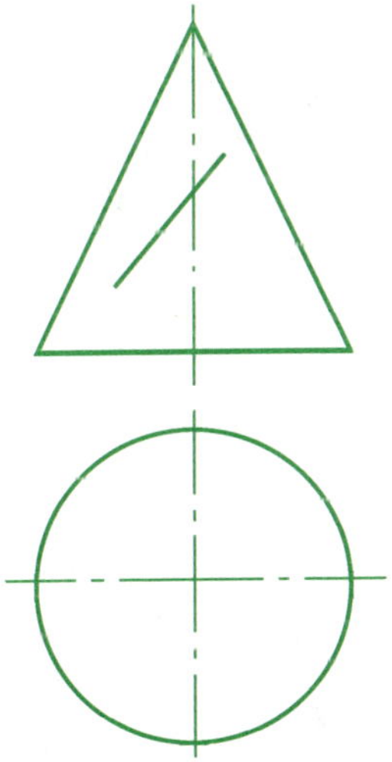

班级　　　　姓名　　　　学号

(5)

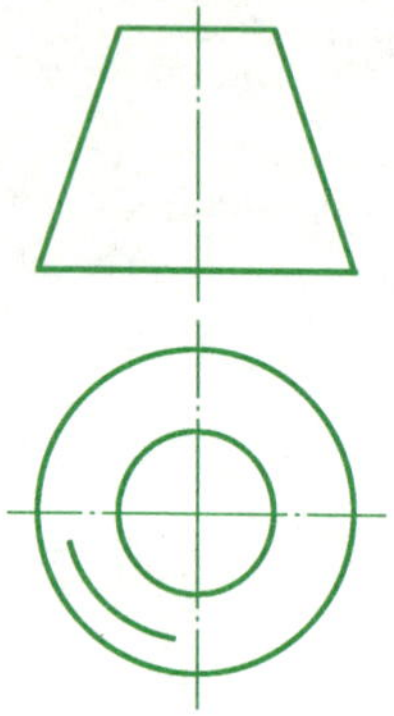

(6)

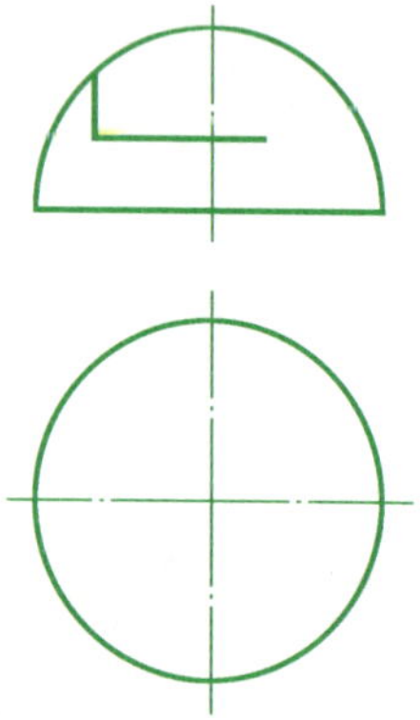

3. 已知直母线$AB$和轴线$OO$的投影，求作单叶双曲回转面的两面投影。

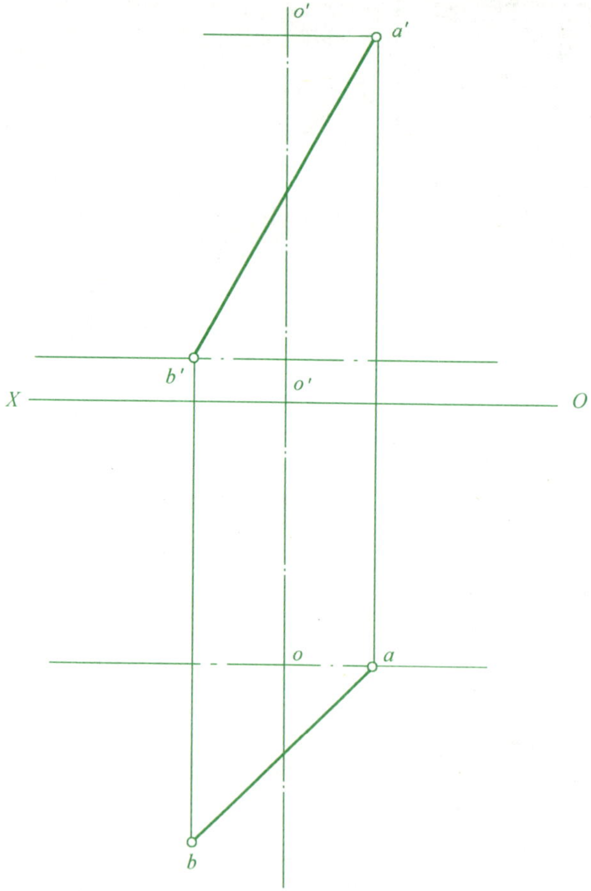

## 第七章 截交线

7-1 补全带切口平面立体的三面正投影图

1.

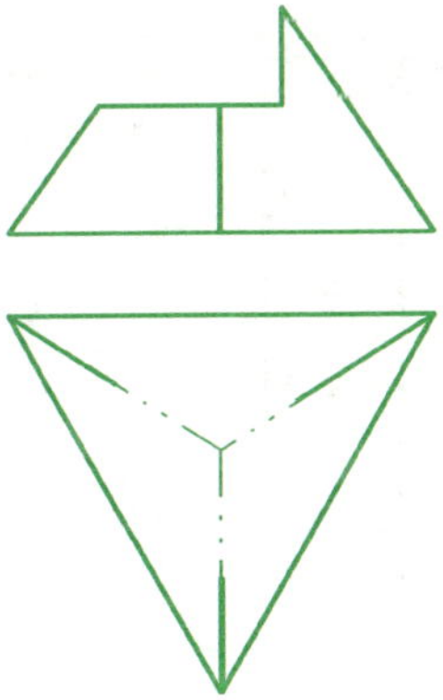

2.

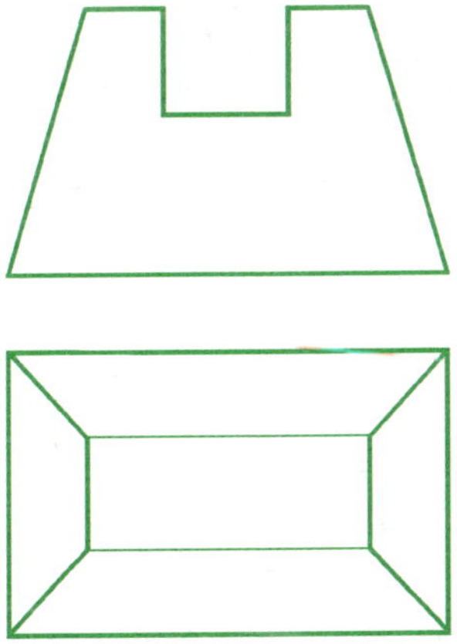

3.

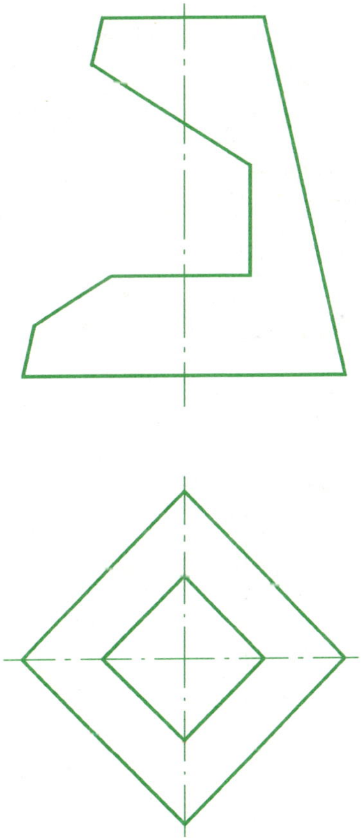

班级　　　姓名　　　学号

4.

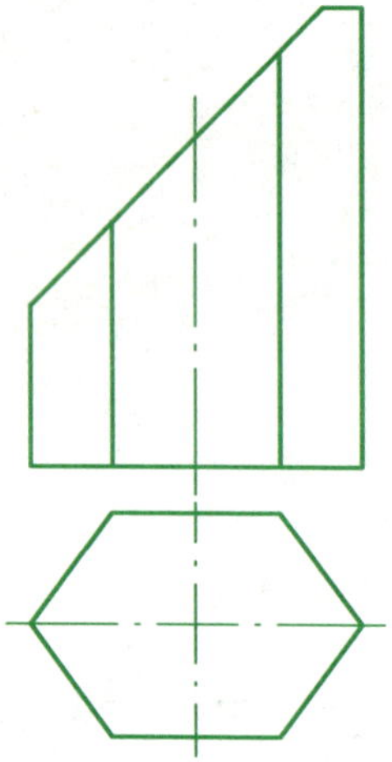

5.

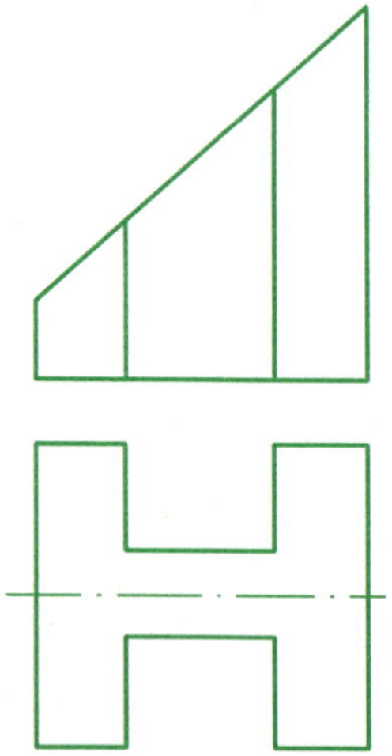

6.

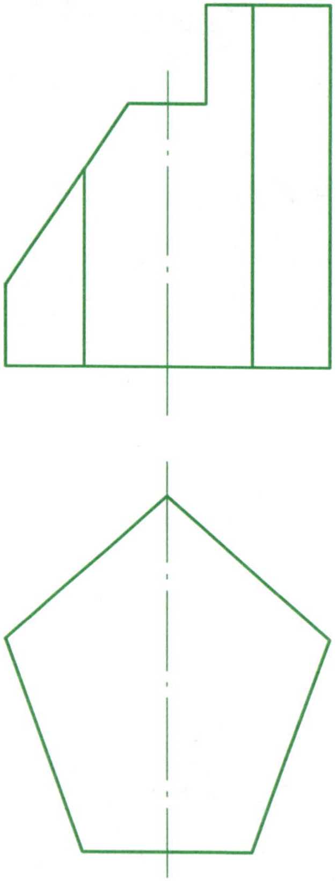

## 7-2　补全带切口曲面立体的三面正投影图

1.

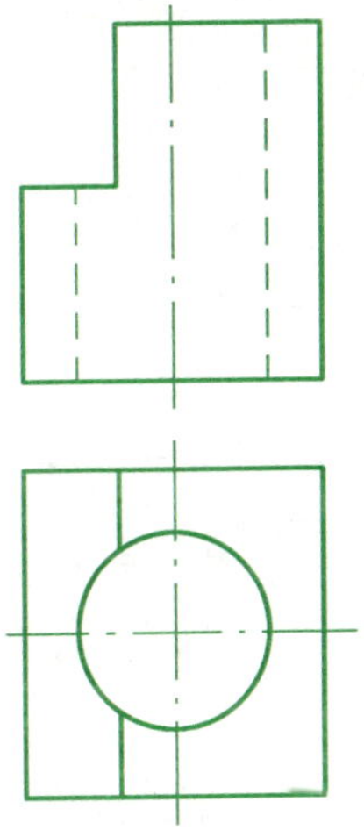

2.

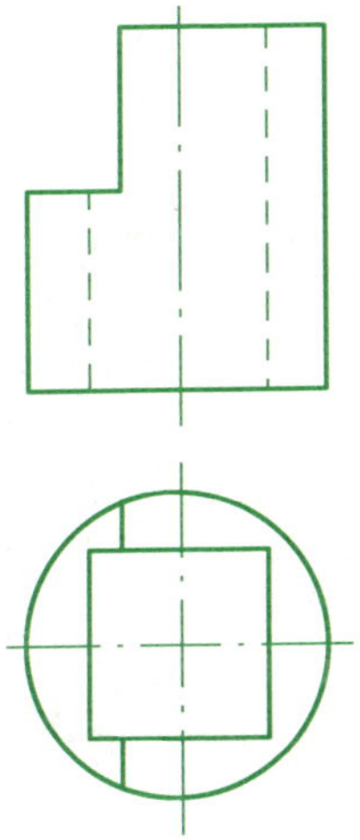

3.

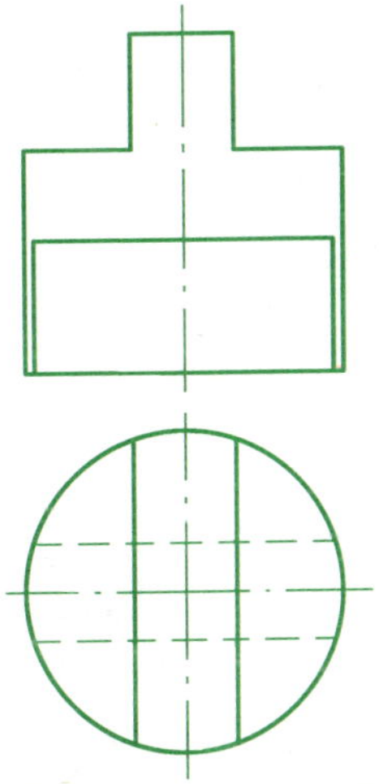

4.

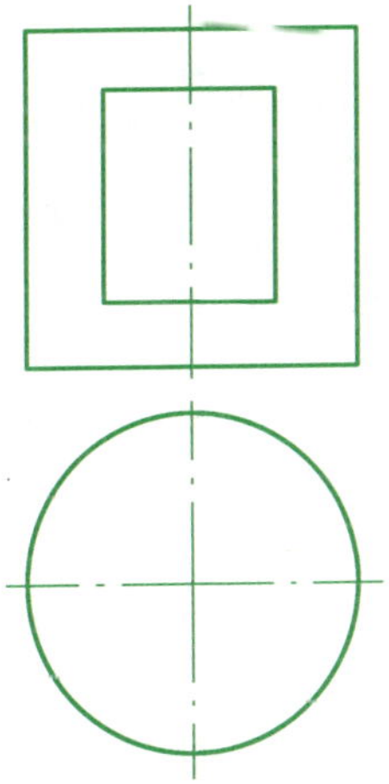

班级　　　　姓名　　　　学号

5.

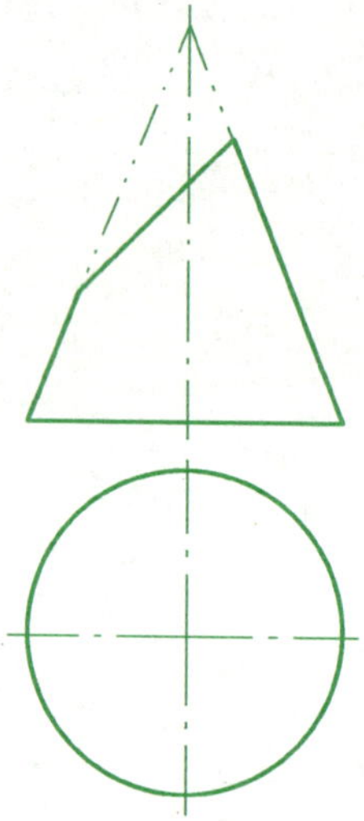

6.

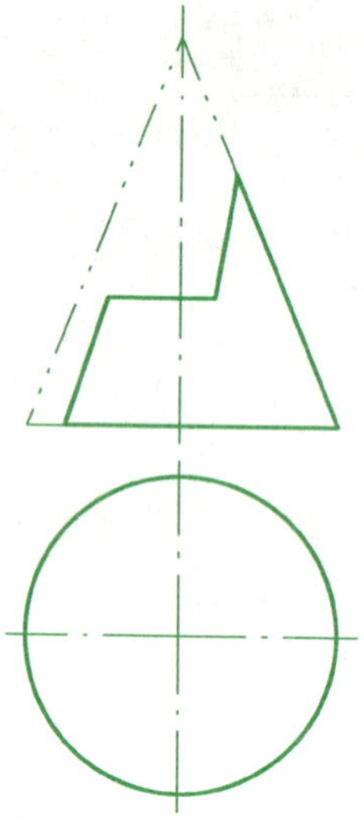

7.

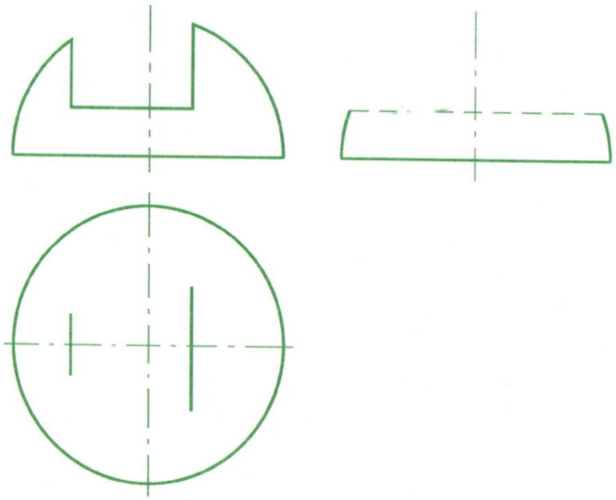

8.

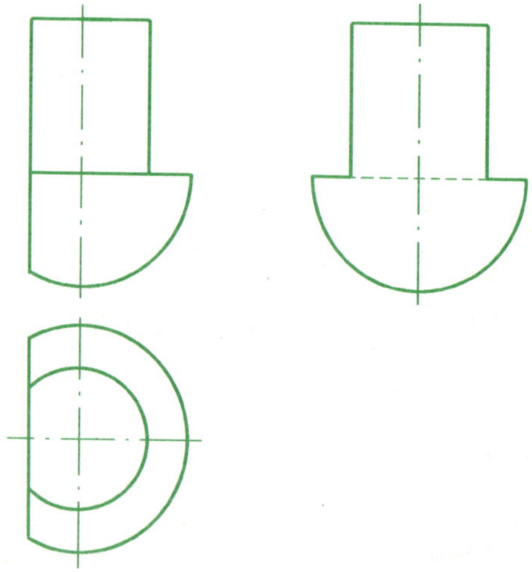

9. 在△$ABC$平面上求出距离直线$EF$为12 mm的所有点的轨迹。

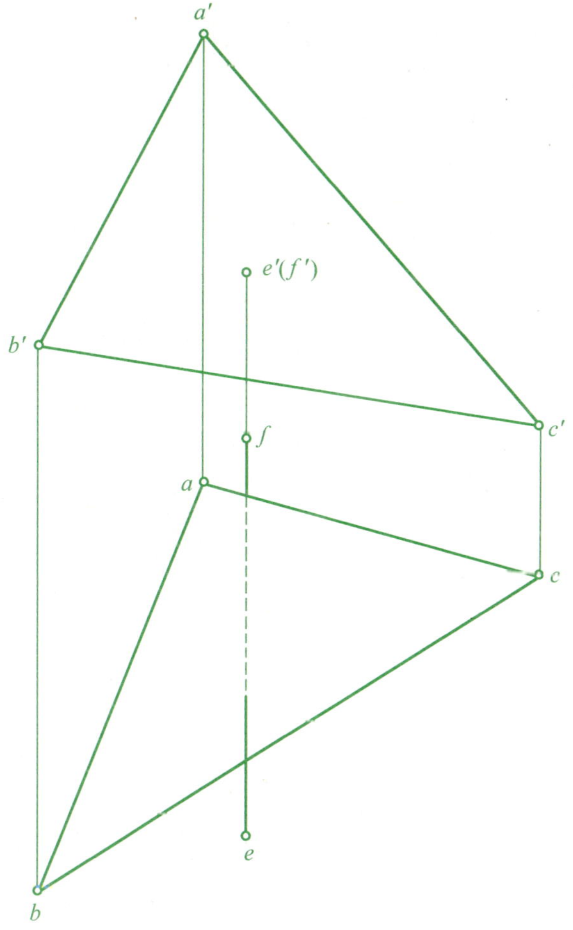


10. 点$K$在△$ABC$平面上，并已知其$H$面投影$k$，试求在该平面上距离点$K$为12 mm的所有点的轨迹。

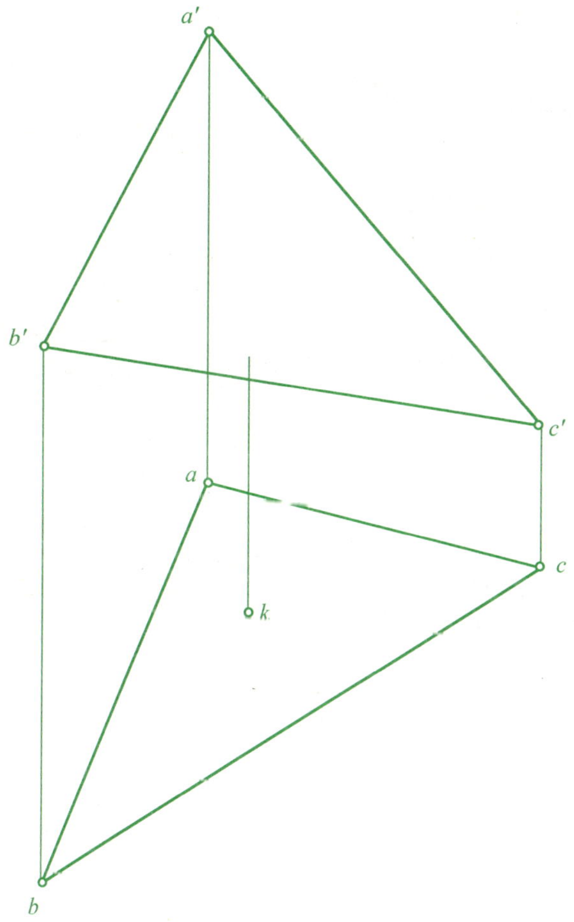

班级　姓名　学号

## 7-3　屋面交线

1. 已知四坡屋面的倾角 $\alpha=30°$ 及檐口线的 $H$ 面投影，试完成屋面交线的三面投影。

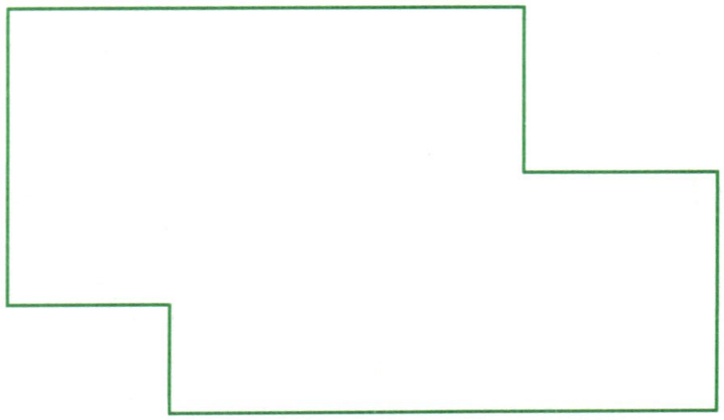

2. 已知四坡屋面的倾角 $\alpha=30°$ 及檐口线的水平投影，试完成屋面交线的三面投影。

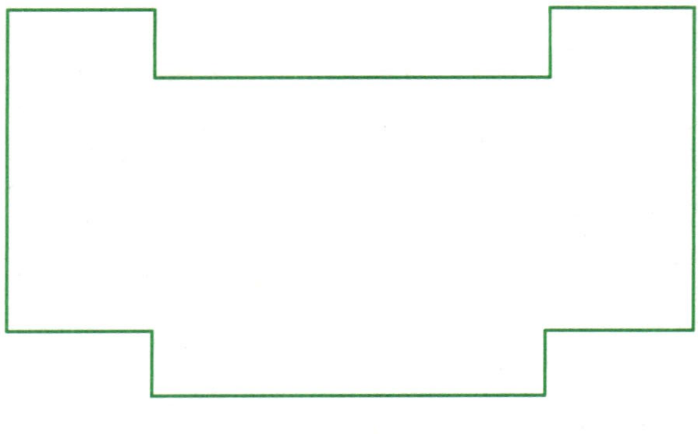

## 7–4　综合应用题

1. 补画形体的 $W$ 面投影。

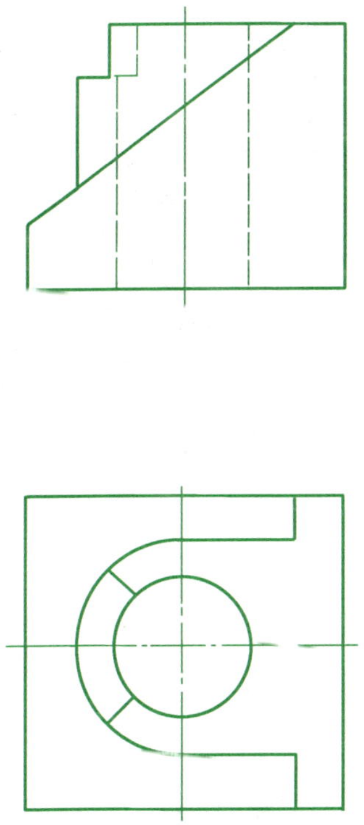

2. 补画形体的 $W$ 面投影。

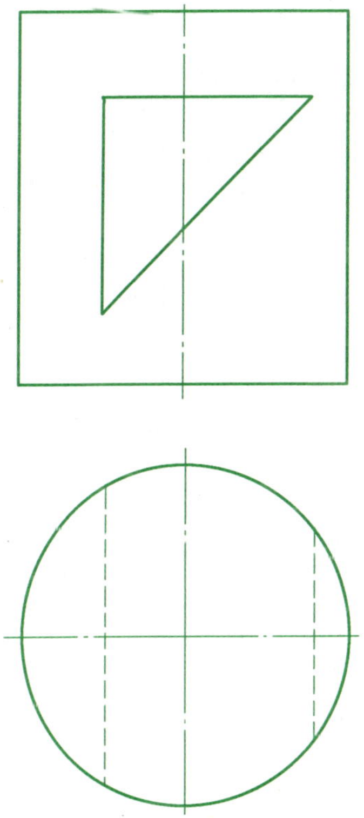

班级　　　　姓名　　　　学号

**第八章　相贯线**

8–1　平面立体与平面立体相交

1. 求四棱柱与三棱柱的表面交线。

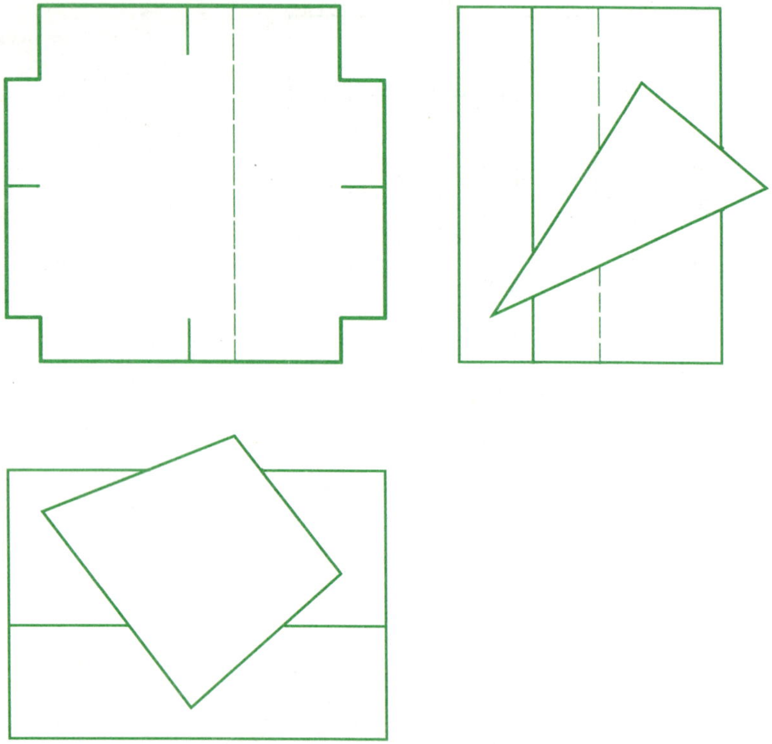

2. 求六棱锥与四棱柱的表面交线。

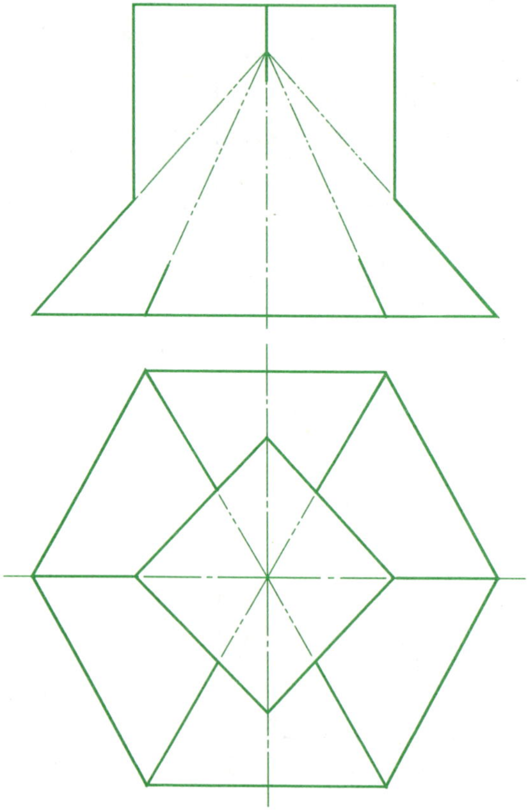

3. 求屋面交线。

4. 三棱锥与三棱柱相贯，完成其$H$面投影。

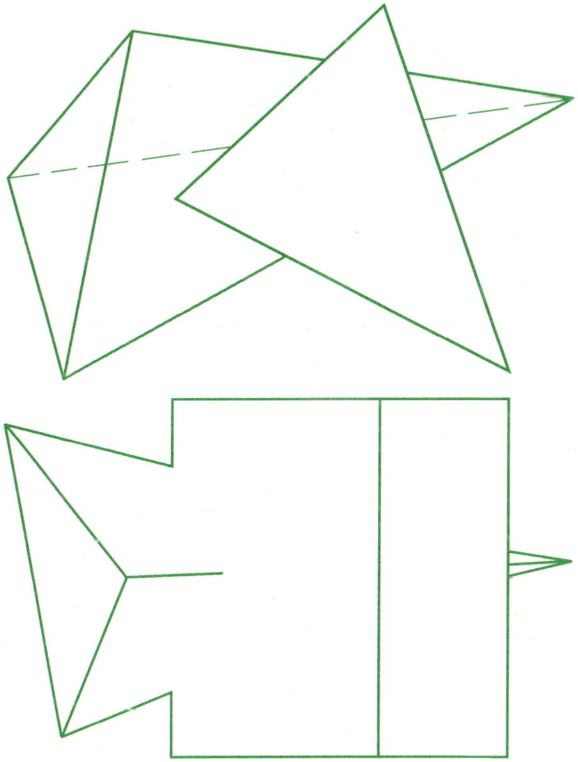

班级　　　　姓名　　　　学号

8–2　平面立体与曲面立体相交

1. 求三棱柱与半球的表面交线。

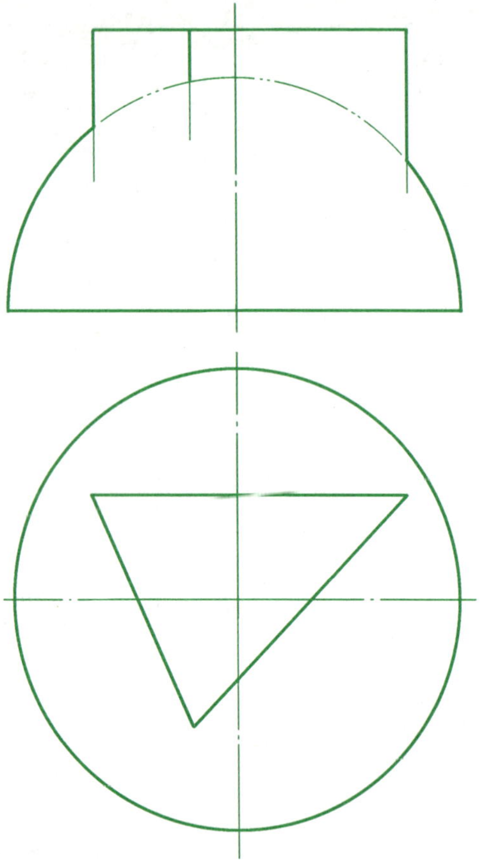

2. 求圆柱与四棱锥的表面交线。

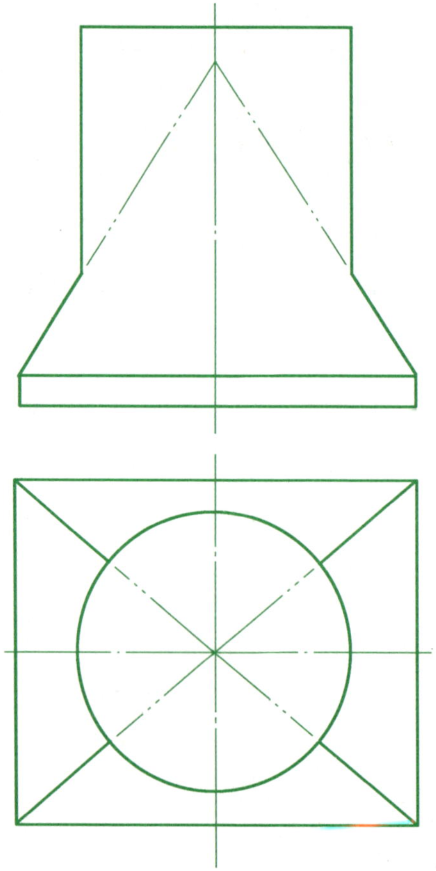

8-3　曲面立体与曲面立体相交

1. 根据两面投影，求作*H*面投影。

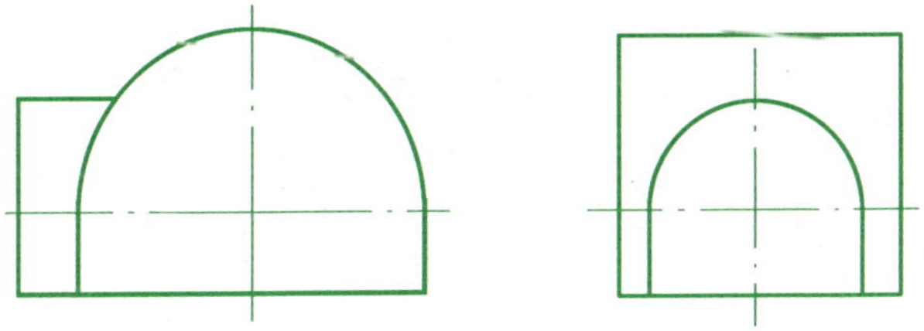

2. 根据两面投影，求作*H*面投影。

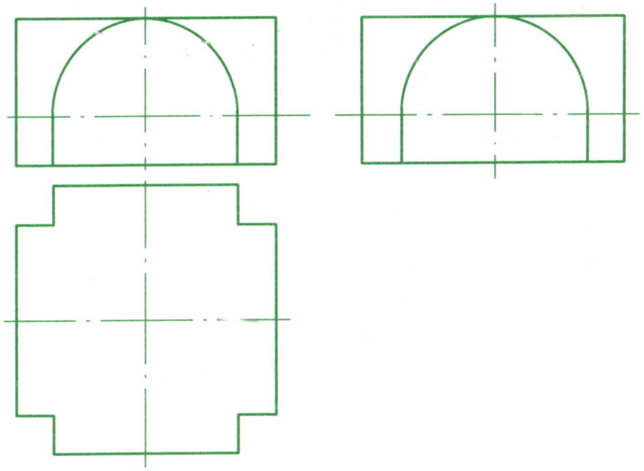

3. 求圆环与圆柱的表面交线。

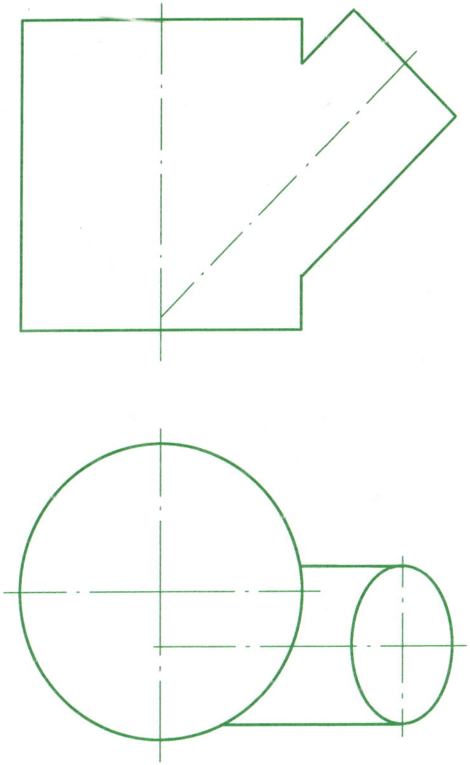

4. 求作圆锥与圆柱的表面交线。

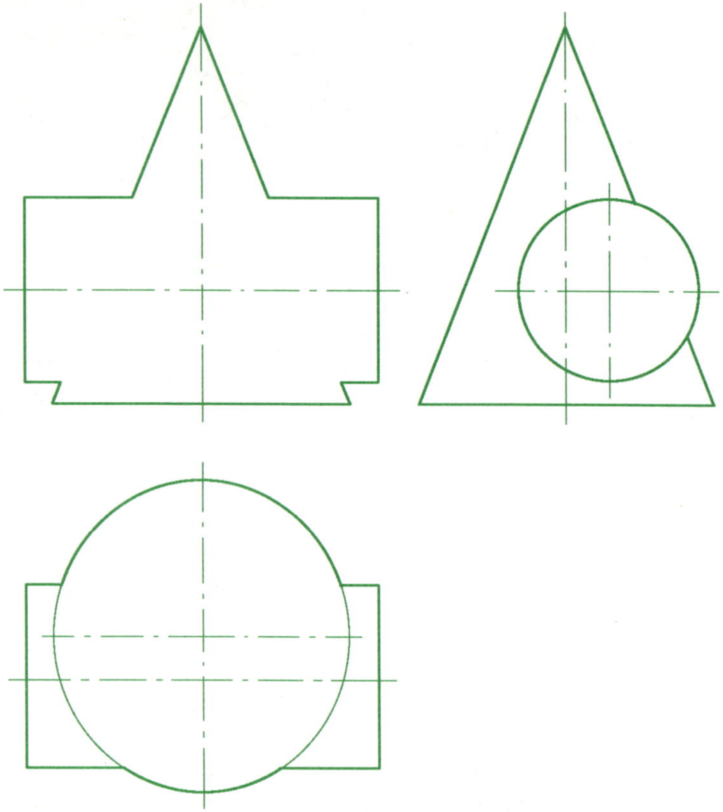

5. 已知半球和圆柱的表面交线。

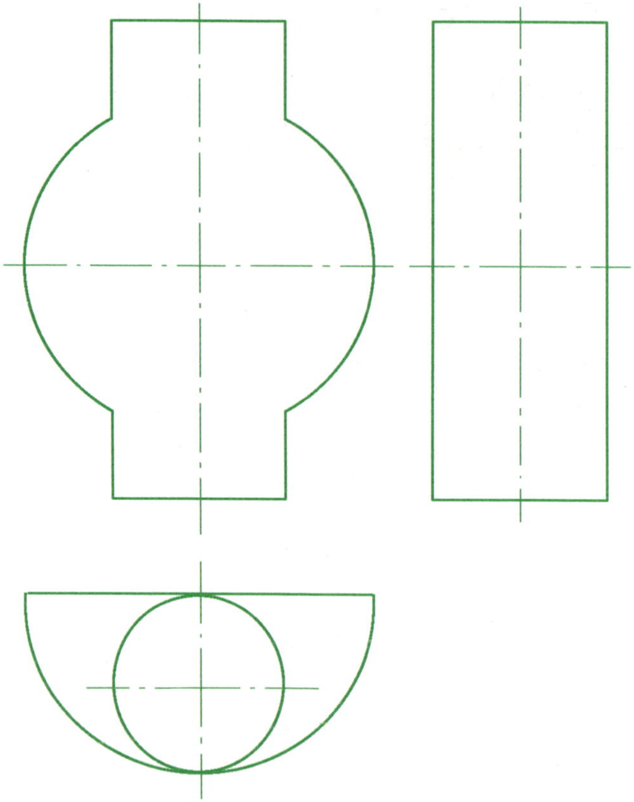

6. 求作球和圆锥的表面交线。

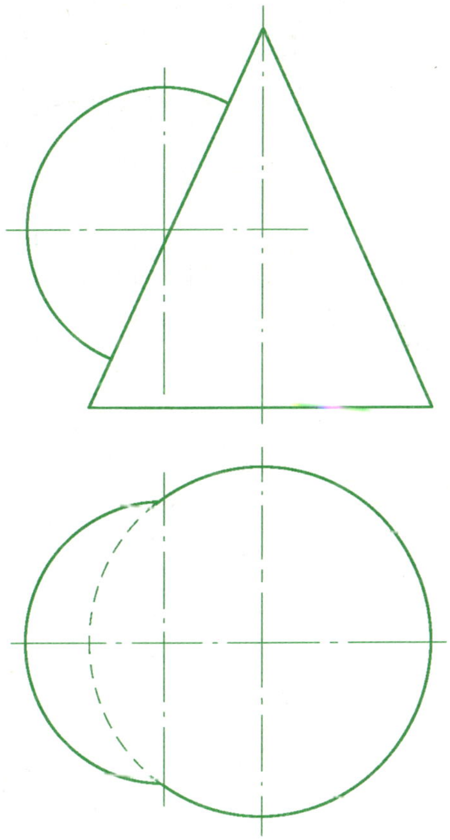

7. 求圆环与圆柱的表面交线。

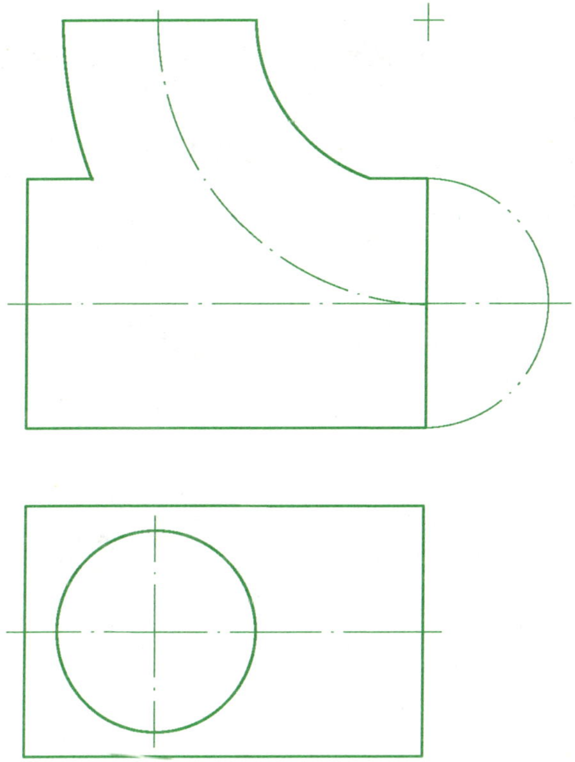

8. 用辅助球面法求作圆锥与圆柱的相贯线。

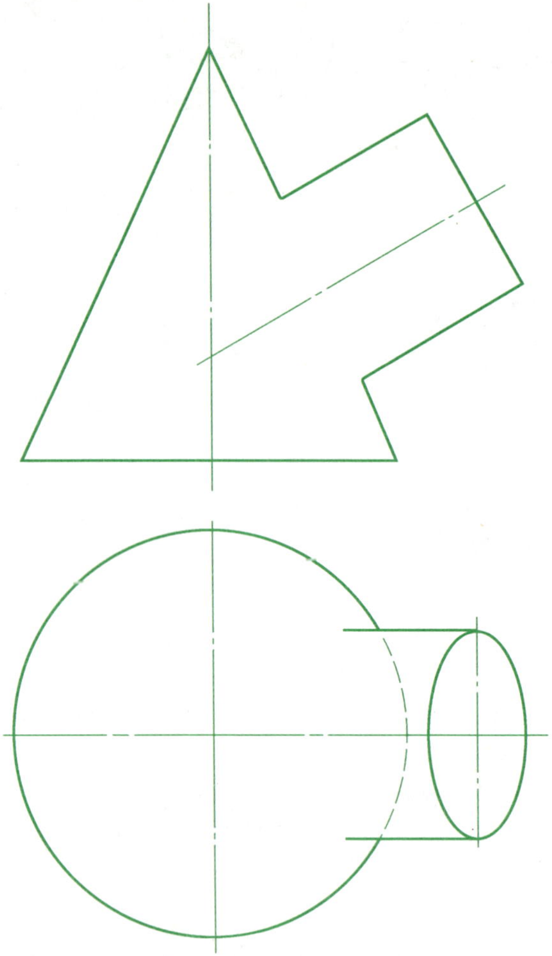

## 8-4　综合应用题

求作形体的表面交线。

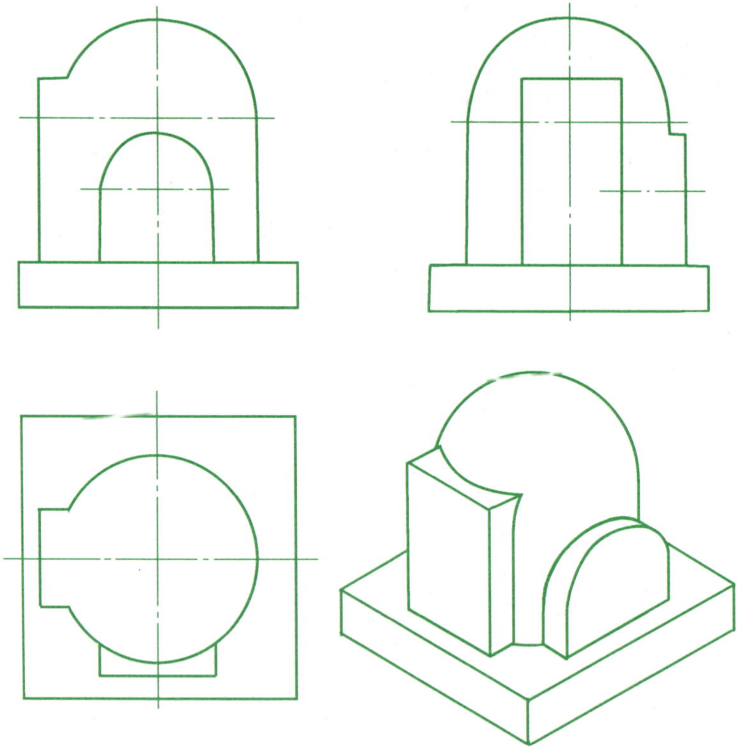

## 第九章　轴测投影

### 9-1　正等测投影

1. 绘出房屋的正等测图。

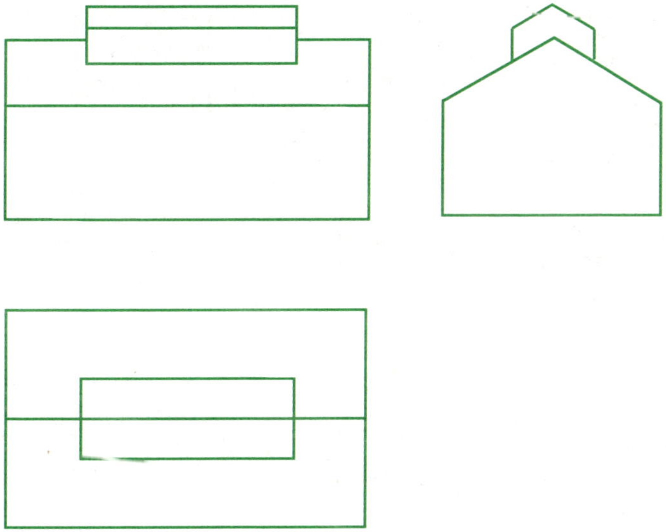

2. 绘出形体的正等测图。

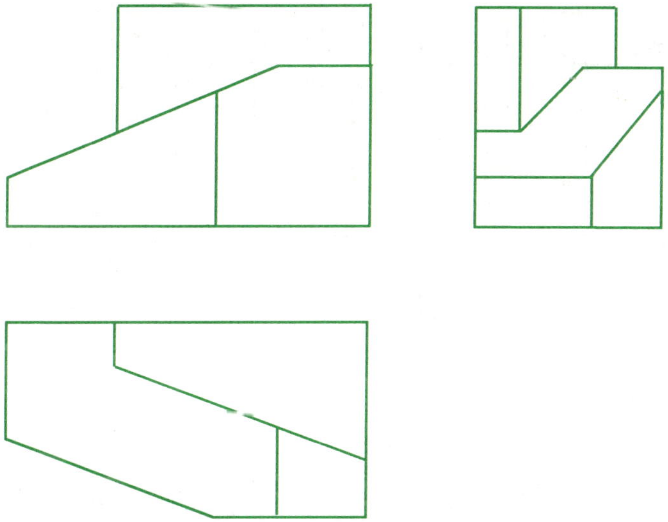

3. 绘出柱节点的正等测图。

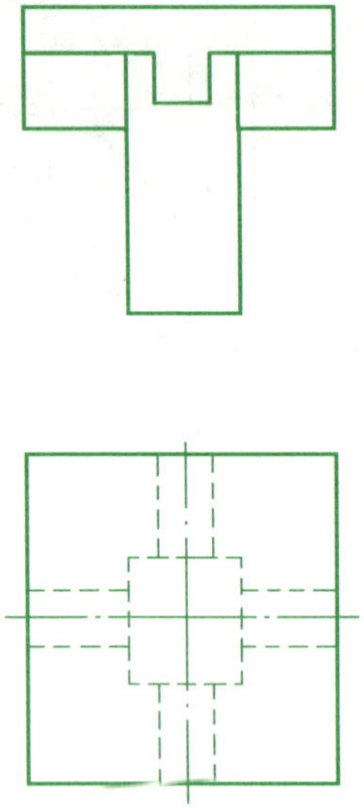

4. 绘出水池的正等测图。

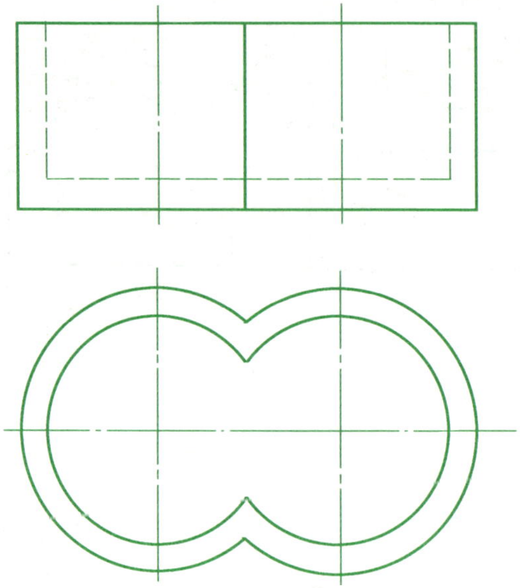

5. 绘出形体的正等测图。

6. 绘出台阶的正等测图。

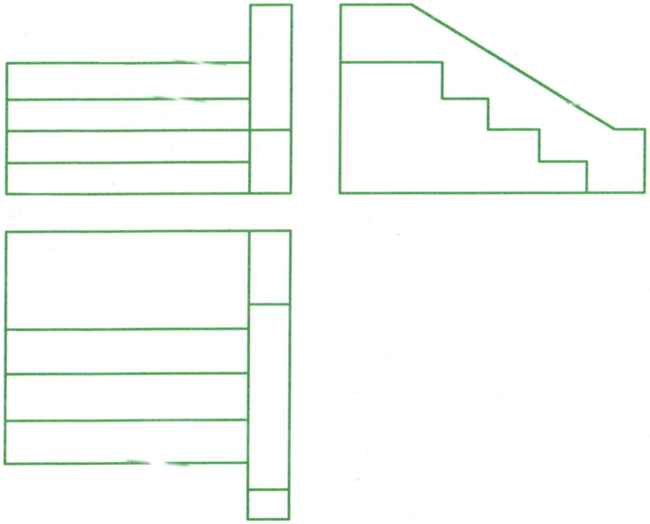

## 9-2 轴测剖面图

绘出形体剖切1/4后的正等测图。

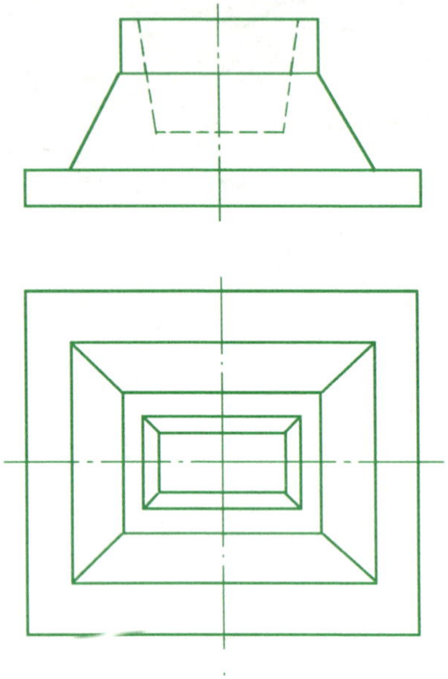

## 9-3 相贯线的轴测投影

绘出圆柱相贯体的正等测图。

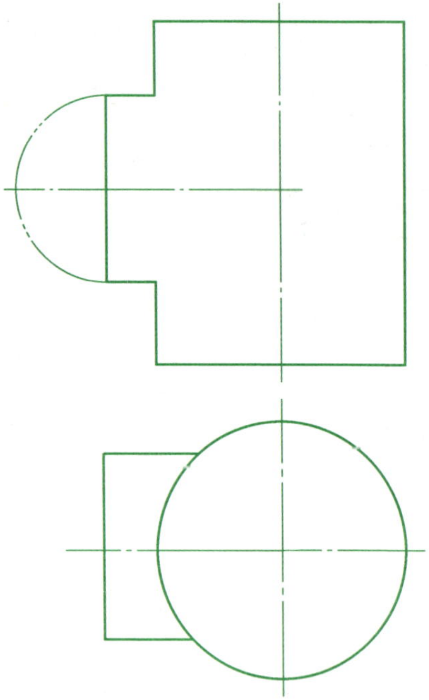

## 9-4　斜轴测投影

1. 绘出花格砖的正面斜二轴测图。

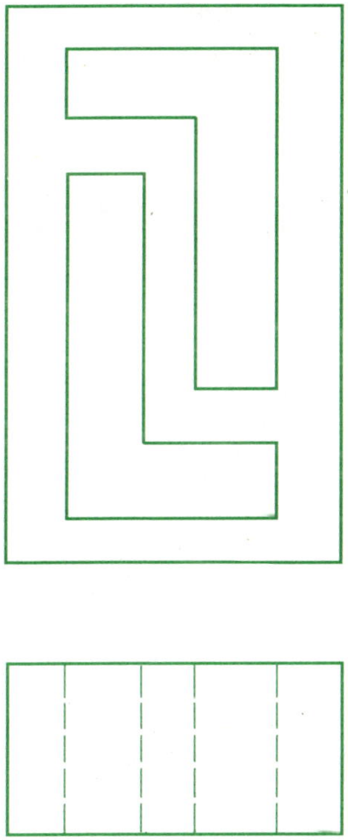

2. 绘出月亮门的正面斜等轴测图。

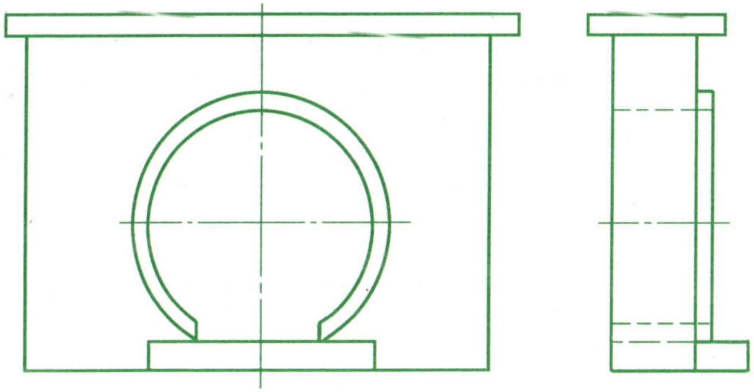

班级　　　　姓名　　　　学号

3. 根据给出的休息地的平面图和正立面图，画出水平斜等轴测图。

立面图

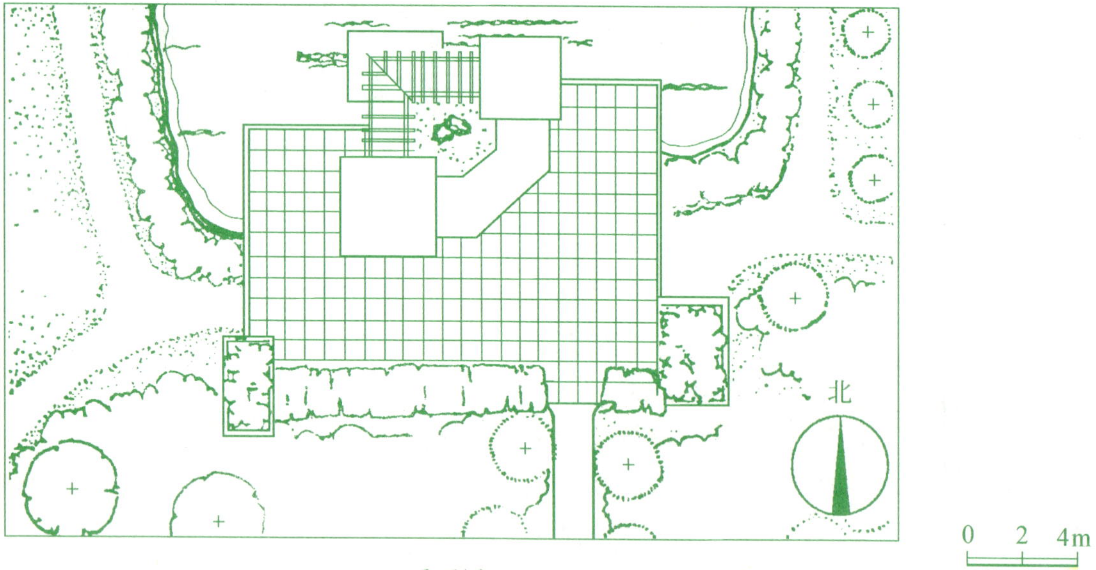


平面图

9–5　徒手绘正等测图（按网格数放大）

1.

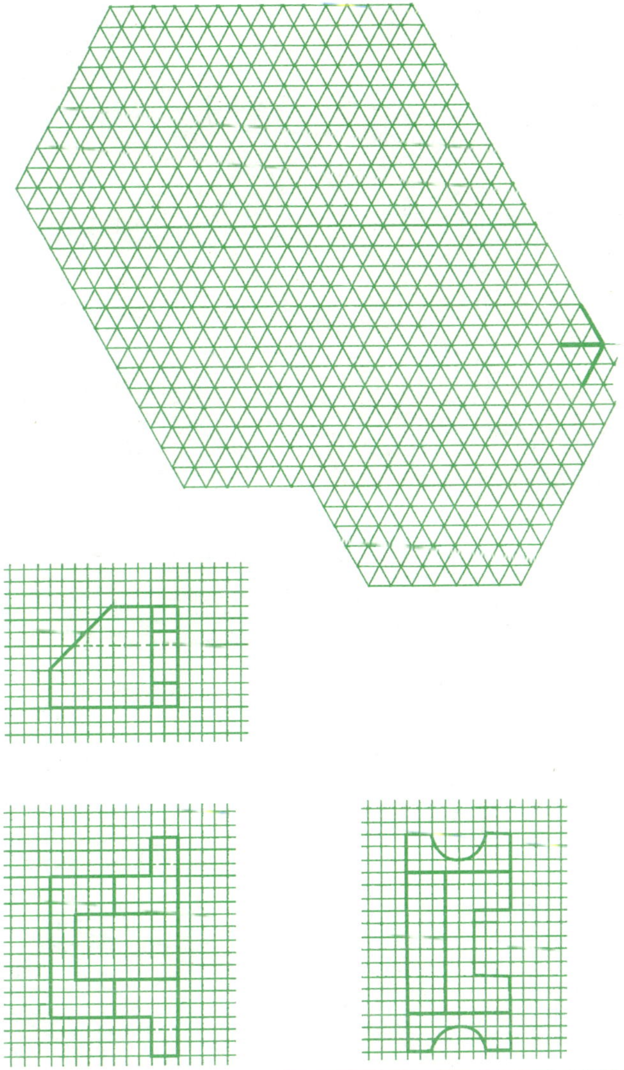

2.

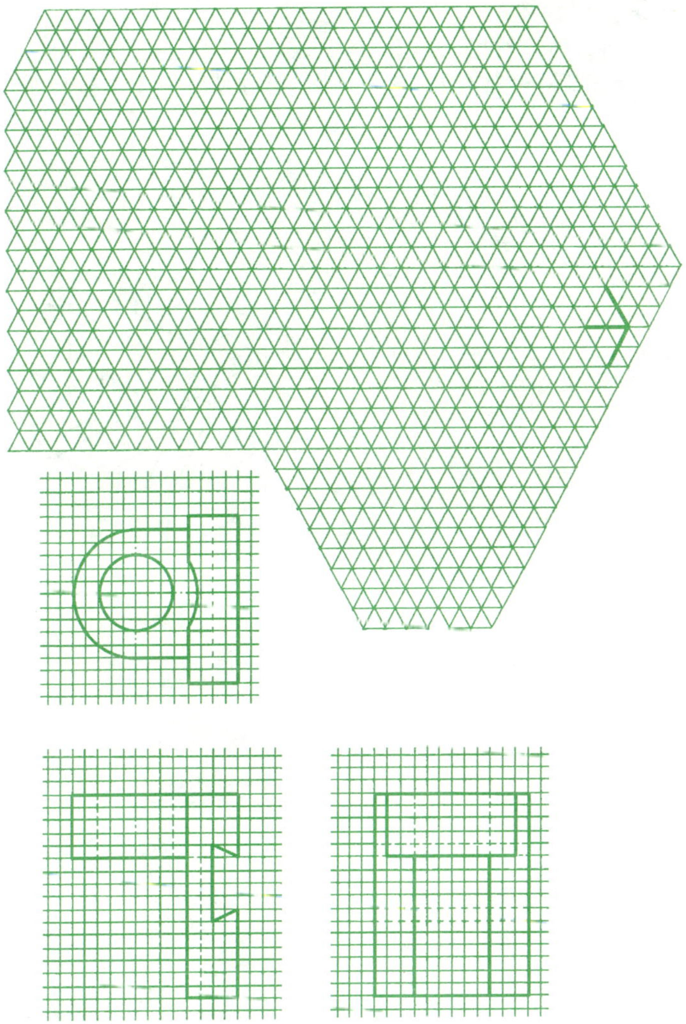

**第十章　组合体**

10–1　组合体三视图

根据轴测图绘组合体三视图 (尺寸从轴测图中按1:1的比例直接量取)。

1.

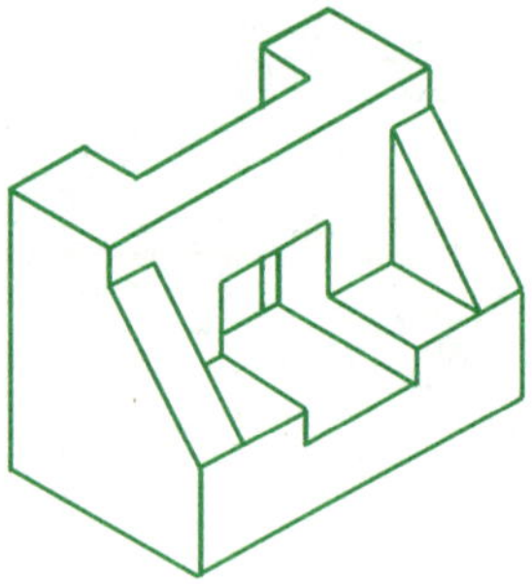

2.

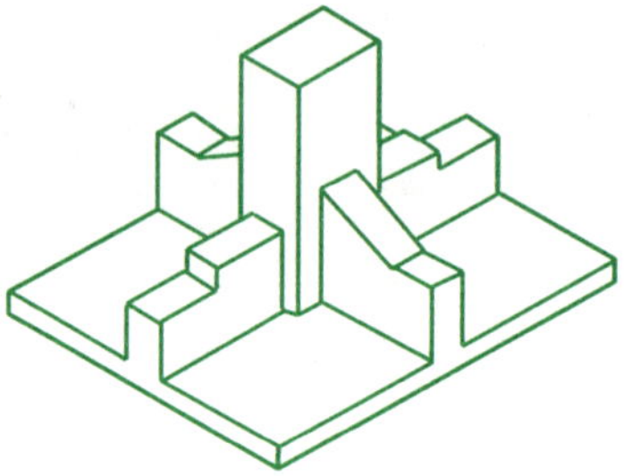

3.

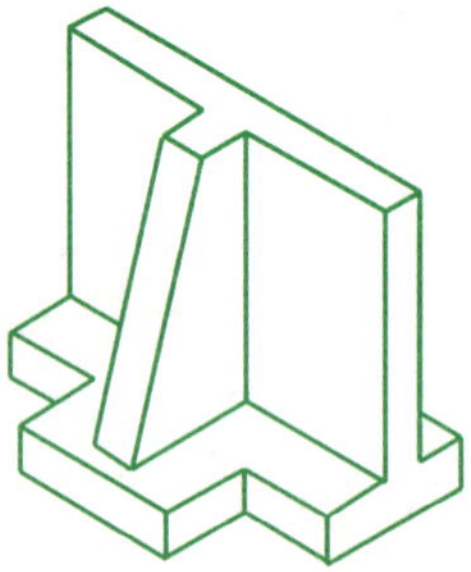

4.

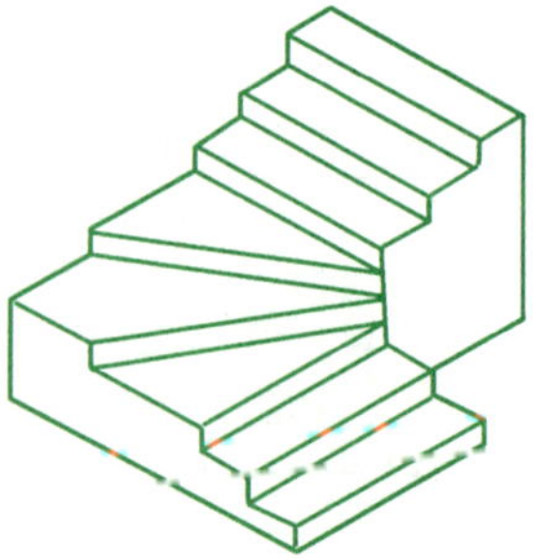

5.

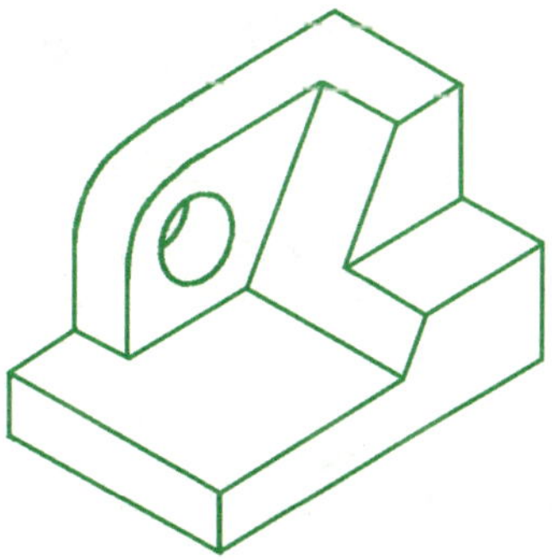

6.

7.

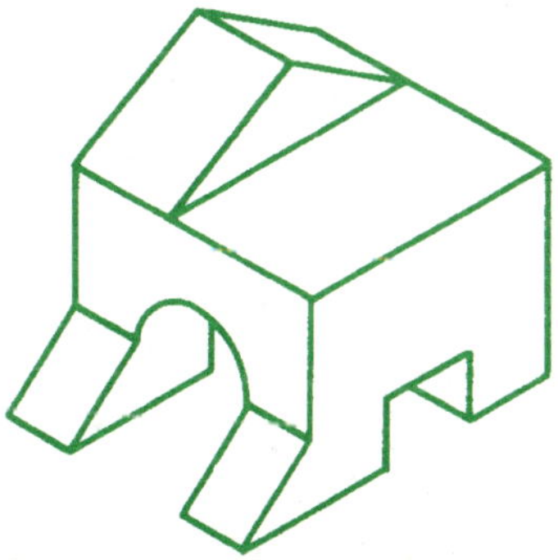

8.

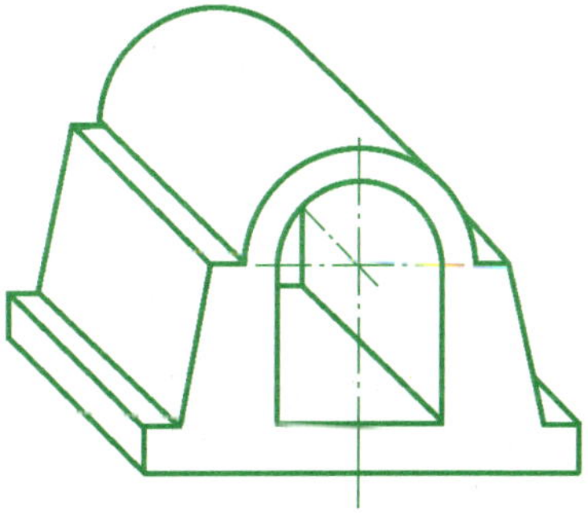

10–2　标注尺寸

根据轴测图取适当比例绘出三面投影图，并标注尺寸。

1.

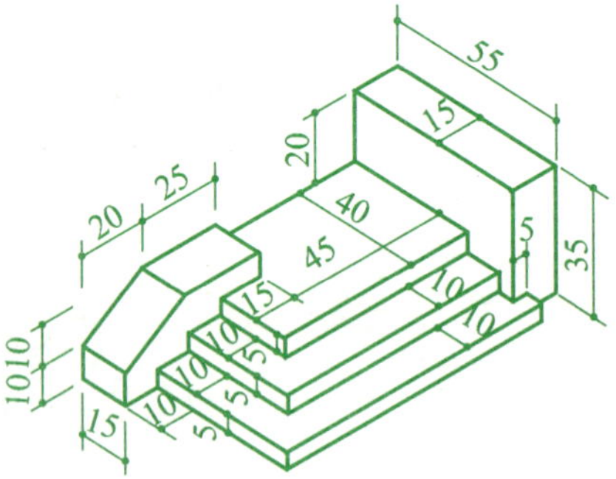


2.

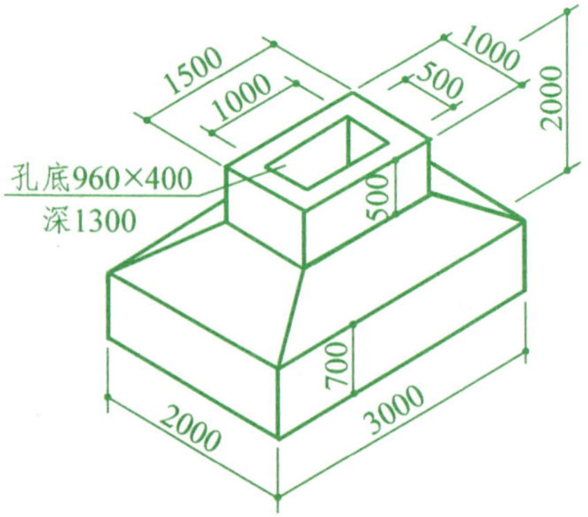

3.

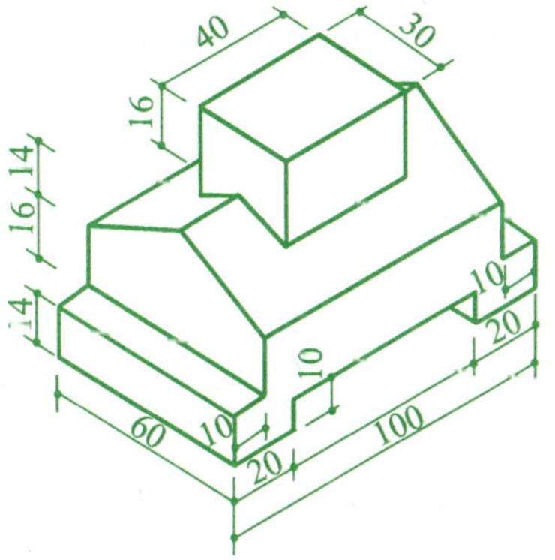
40
30
16
14
16
4
10
20
10
60
10
20
100

4.

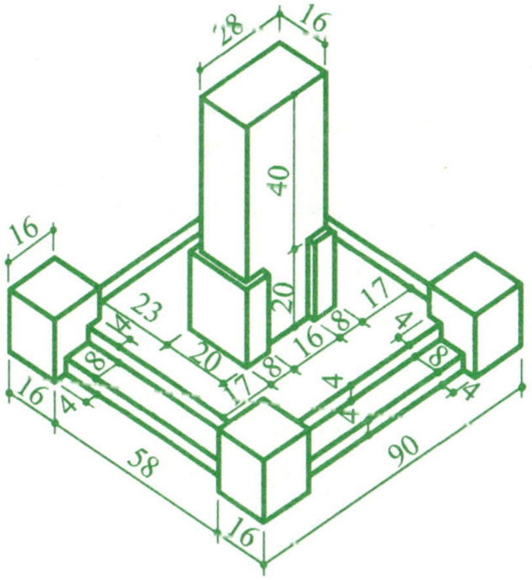
28
16
40
16
20
23
17
4
8
20
16
8
17
8
4
16
4
58
90
16

## 10–3　看图练习

1. 根据形体的轴测图看懂三视图，并画出指定的线、面在其他两个视图上的投影。

(1)

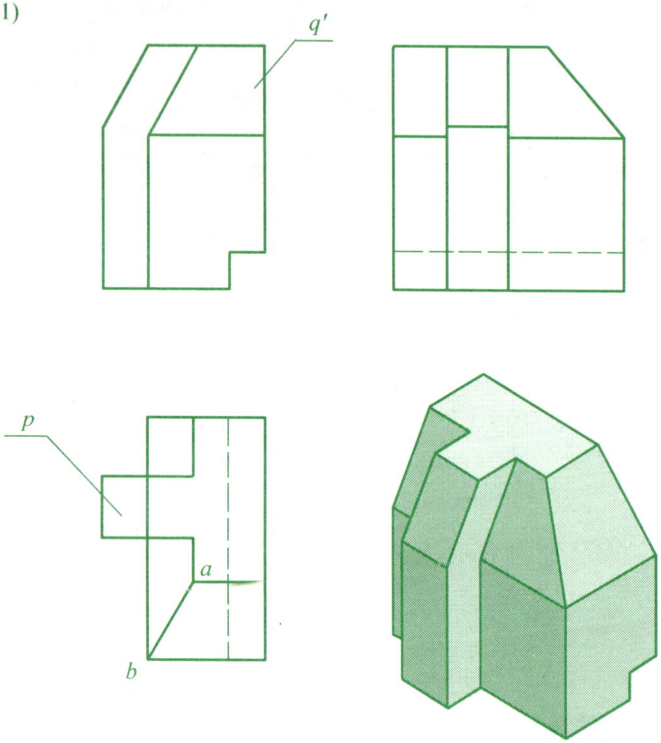


(2)

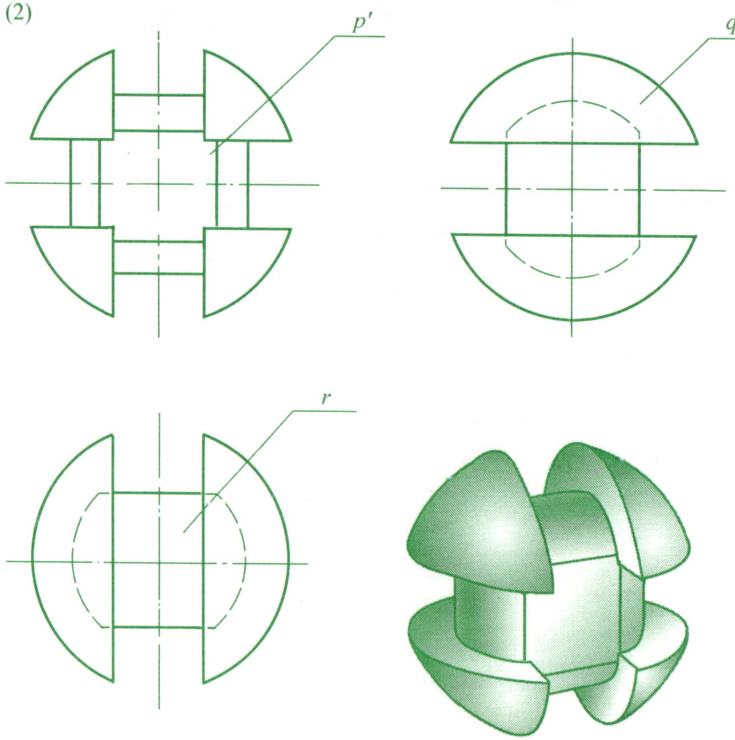


① 判别形体上平面$P$与投影面的相对位置（______ 面）；
平面$Q$与投影面的相对位置（______ 面）；
直线$AB$与投影面的相对位置（______ 线）。

② 画出并标记平面$P$、$Q$以及直线$AB$在其他两个视图上的投影。

① 判别平面$P$与投影面的相对位置（________ 面）；
表面$Q$是什么几何性质的面(________)；
表面$R$是什么几何性质的面(________)。

② 画出并标记形体表面$P$、$Q$、$R$在其他两个视图上的投影。

2. 补绘形体的第三面投影图 (有多解的，画出其中之一解)。

(1)

(2)

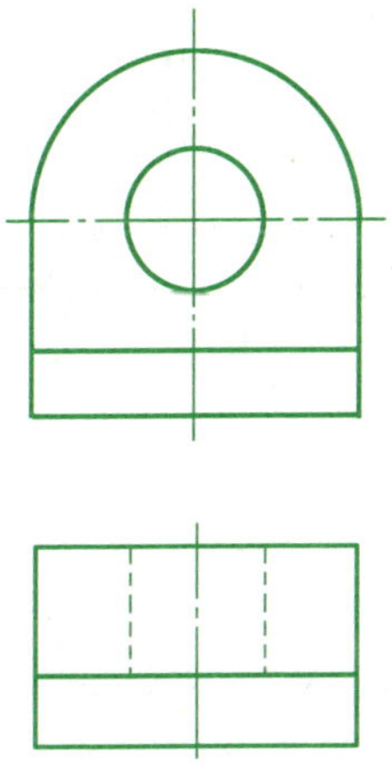

(3)

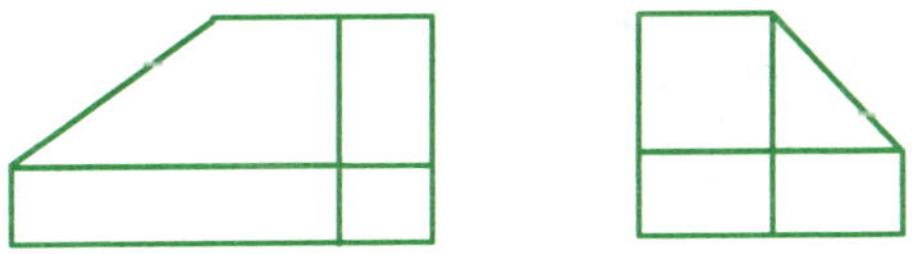

(4)

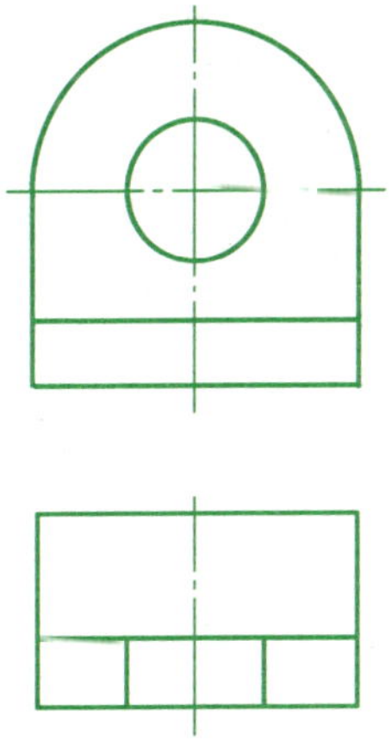

(5)

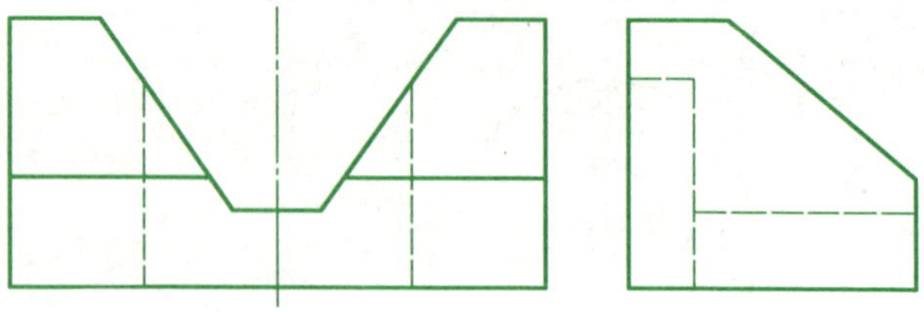

(6)

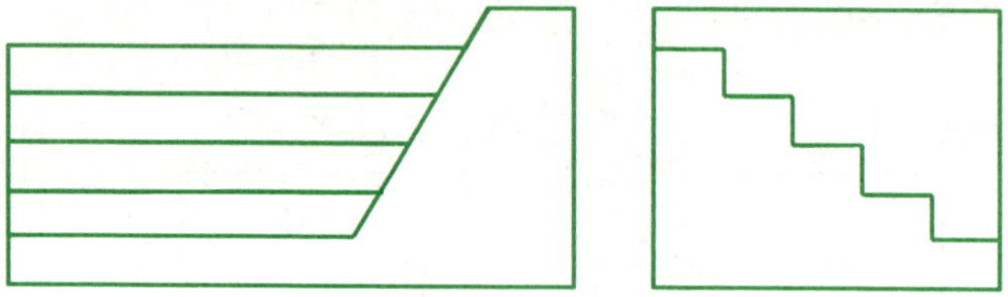

(7)

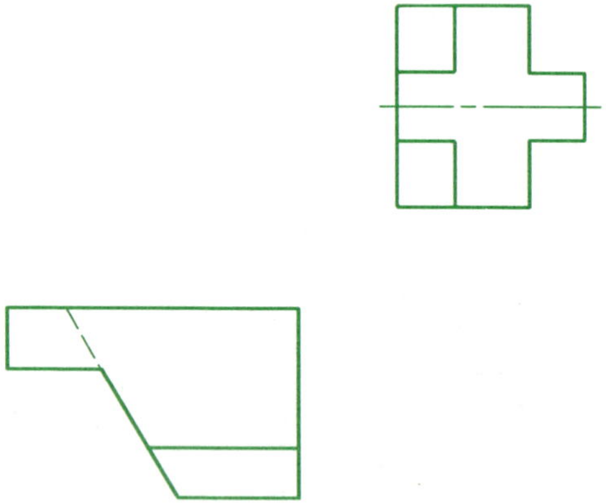

(8)

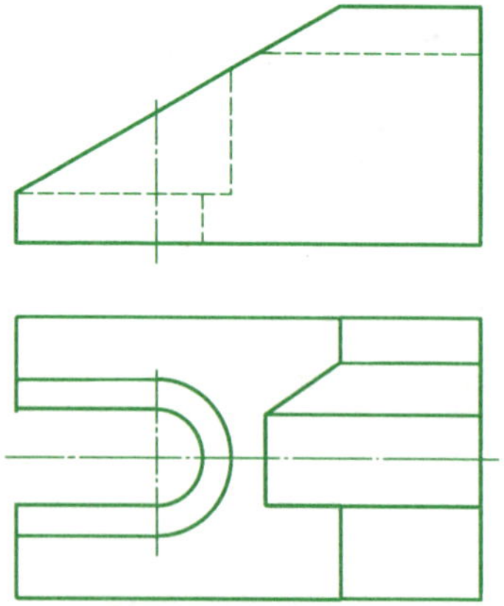

(9)

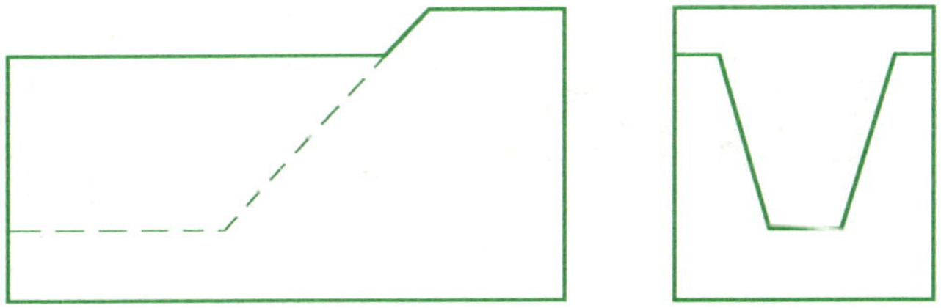

(10)

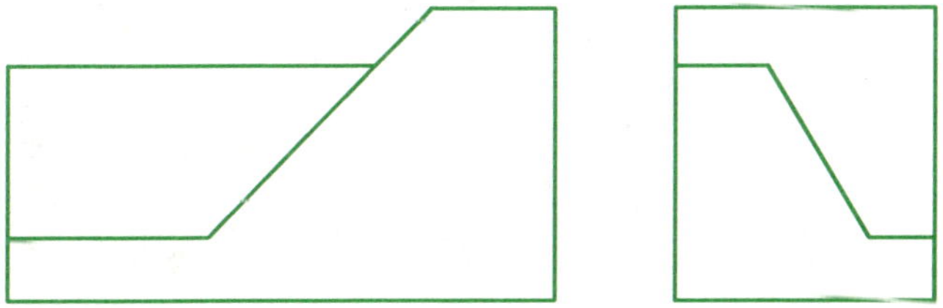

(11)

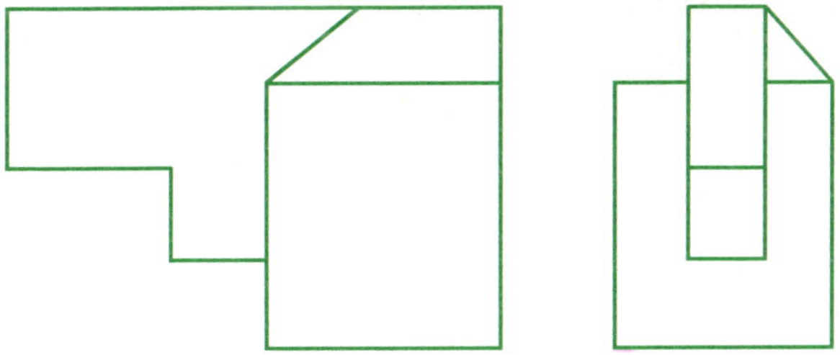

(12)

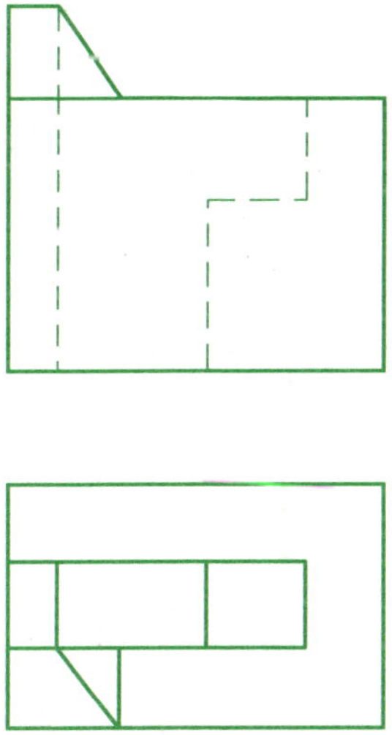

班级　　　　姓名　　　　学号

(13)

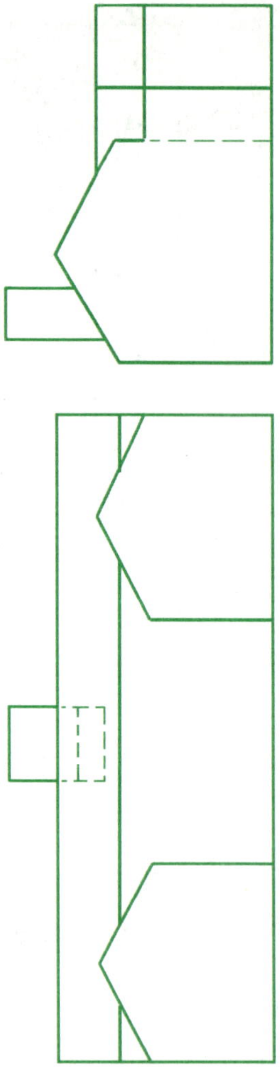

(14)

(15)

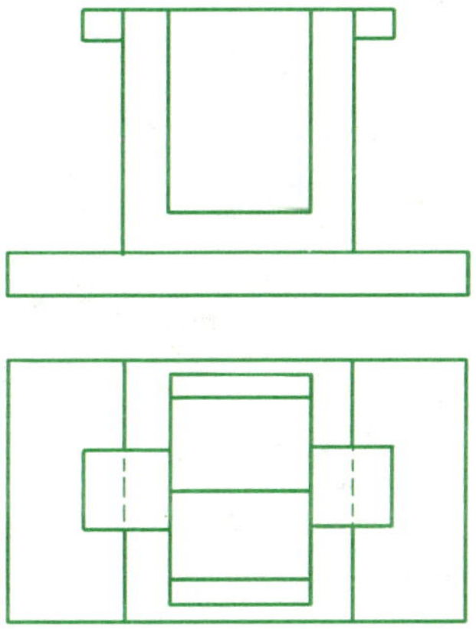

(16)

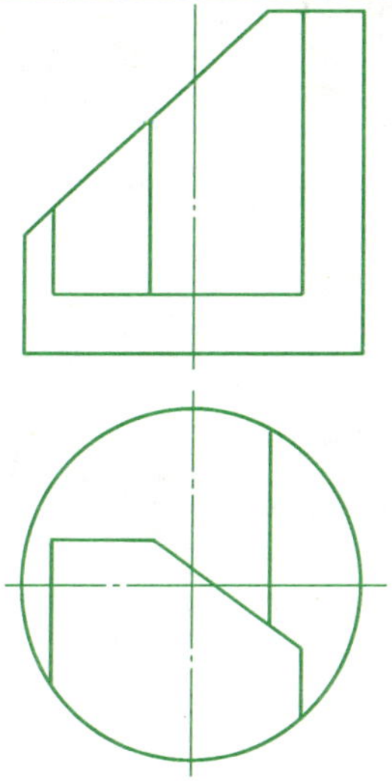

(17)

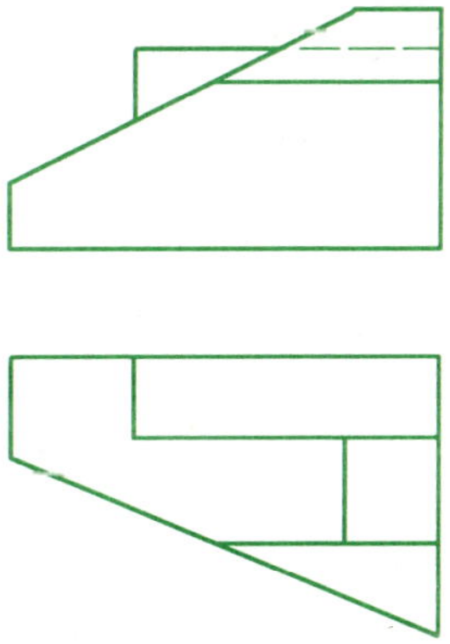

(18)

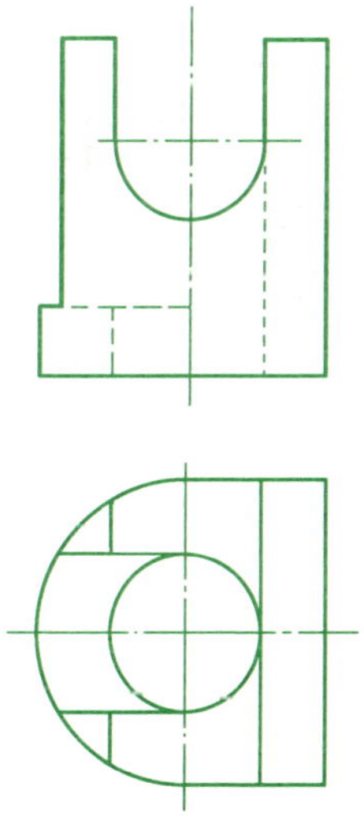

班级　　　　姓名　　　　学号

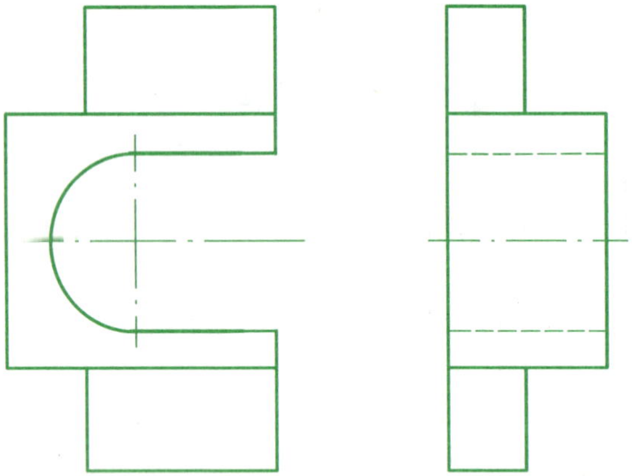

(19)

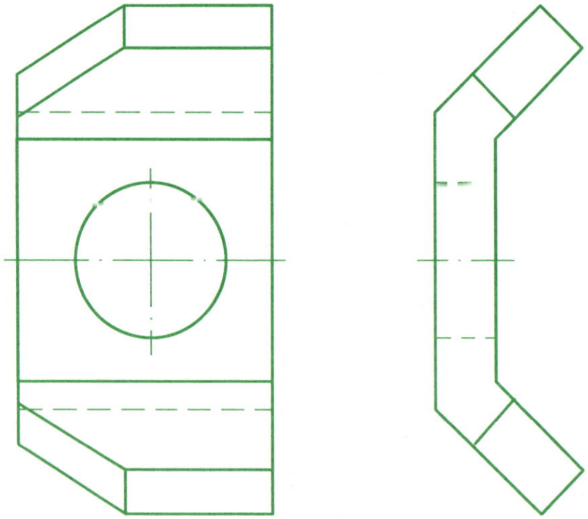

(20)

3. 补画视图中所缺的线，分析指定表面的空间位置，标记该面的其他两投影。

(1) $a'$ 是 ________ 面的投影。
$b$ 是 ________ 面的投影。
$c$ 是 ________ 面的投影。

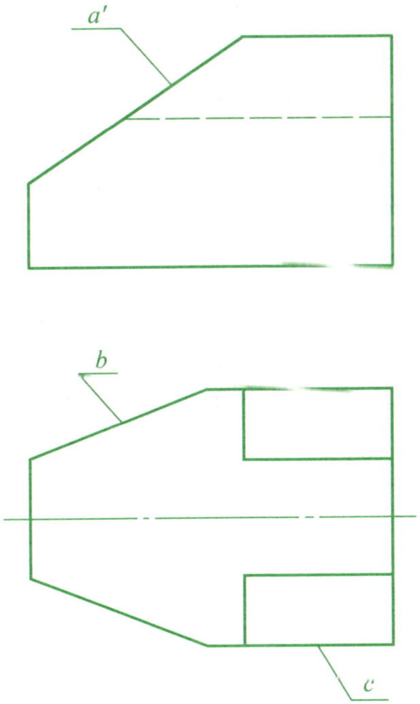


(2) $a'$ 是 ________ 面的投影。
$b$ 是 ________ 面的投影。
$c''$ 是 ________ 面的投影。

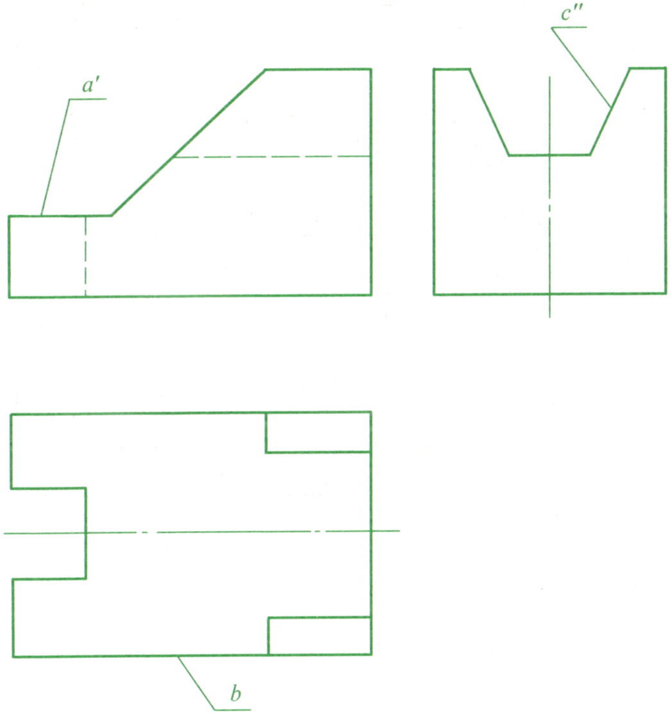

4. 补画视图中所缺的线。

(1)

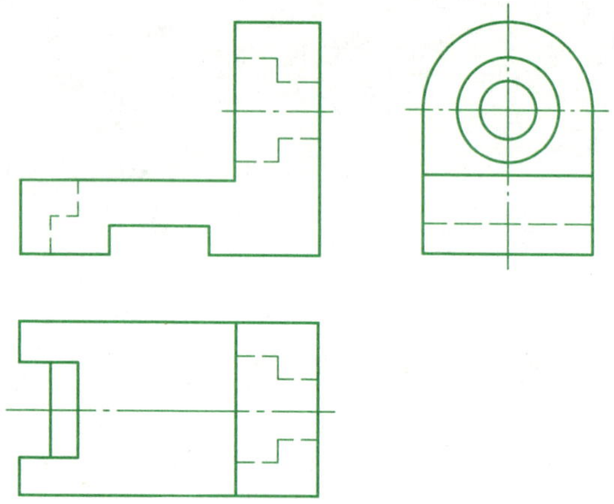

(2)

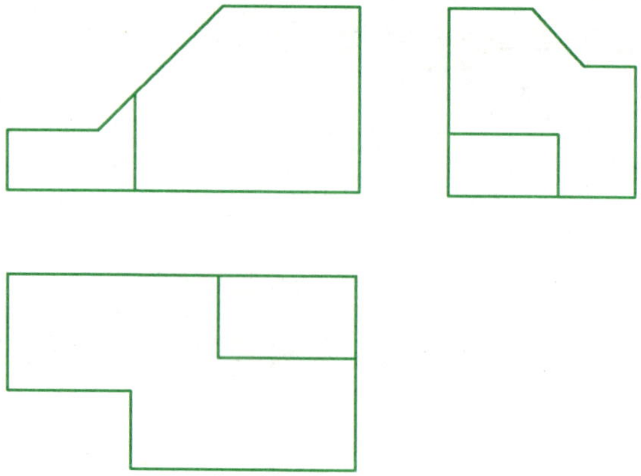

(3)

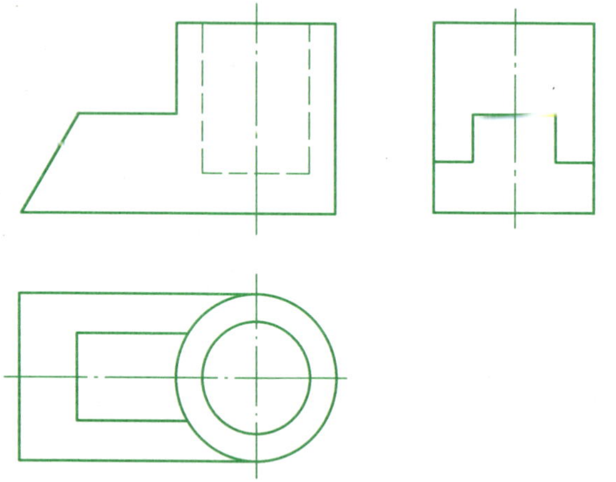

(4)

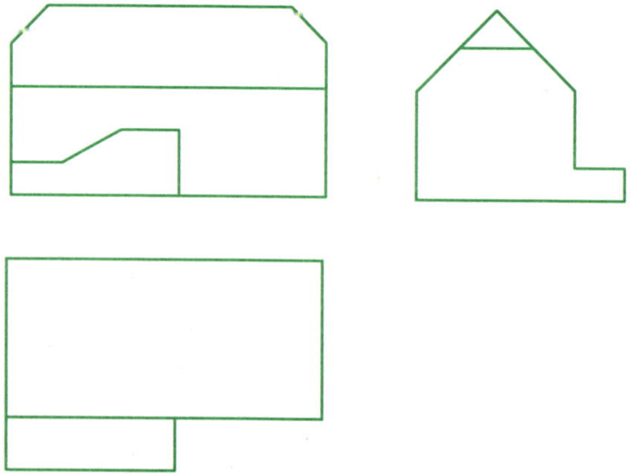

(5)

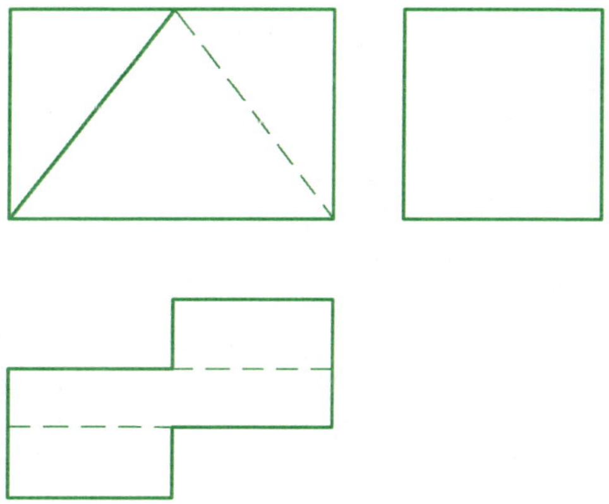

(6)

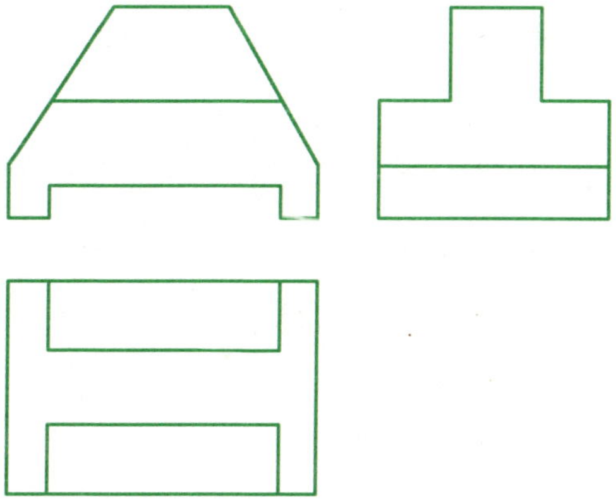

(7)

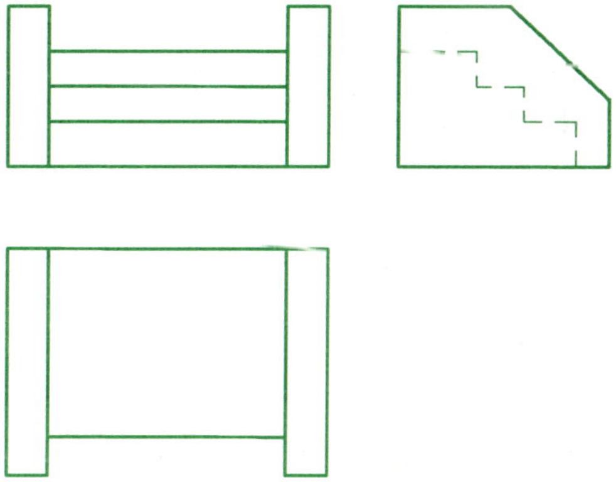

(8)

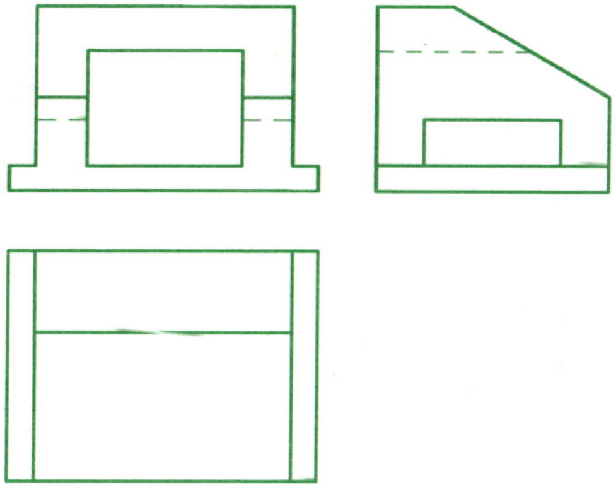

## 10–4　徒手画三视图

根据给出的轴测图，徒手在方格纸 (第75页) 上绘出组合体的三面投影图，并标注尺寸。

(1)

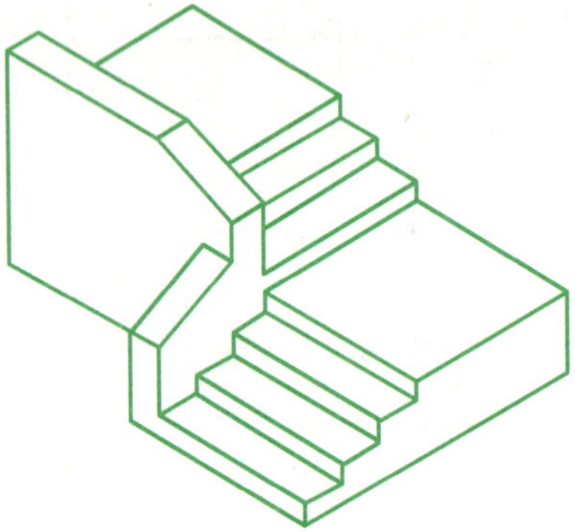

(2)

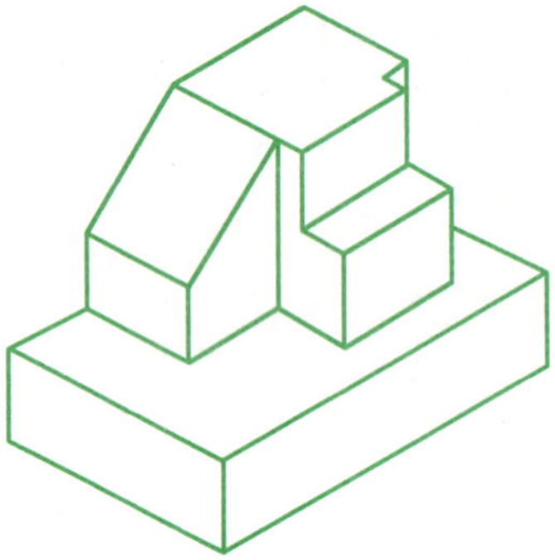

(3)

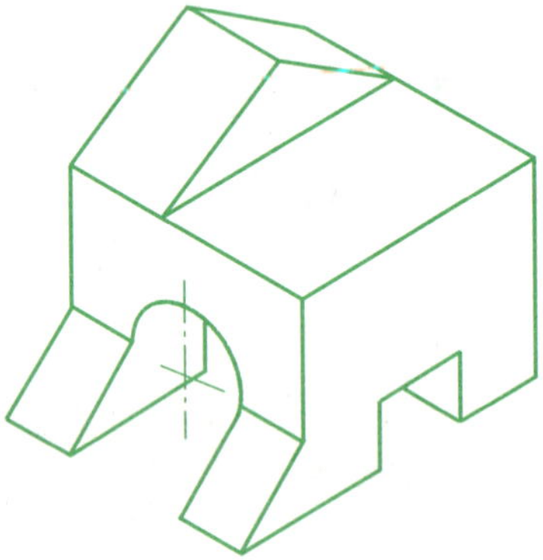

(4)

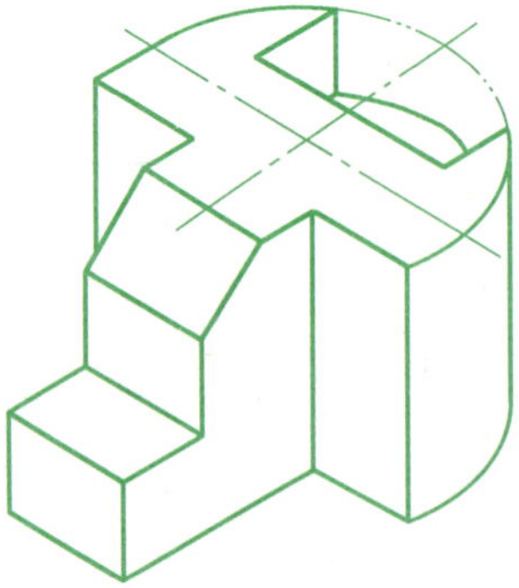

班级　　　姓名　　　学号

**第十一章　工程形体的表达方法**

11-1　视图

1. 根据三面投影图补绘出右侧立面图和背立面图。

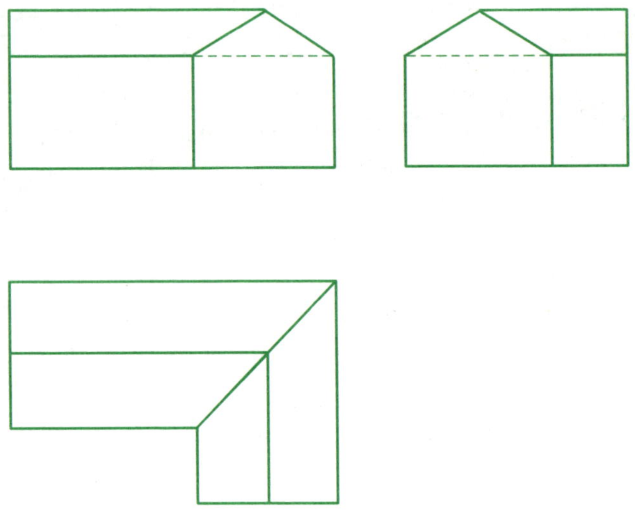

## 11-2　剖面图

1. 补全1—1剖面图中所缺的线，并作2—2剖面图。

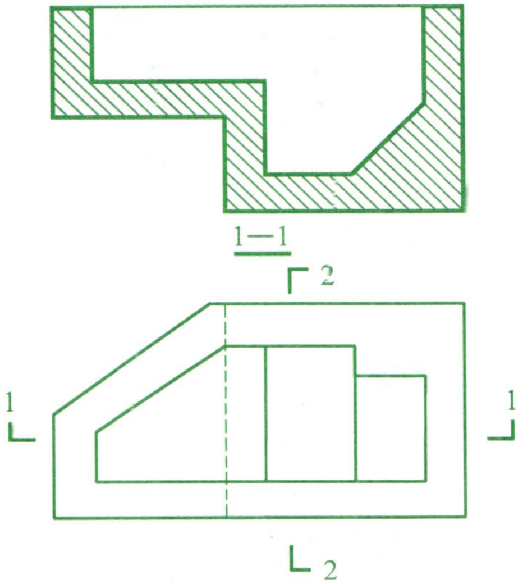


2. 作组合体的1—1剖面图。

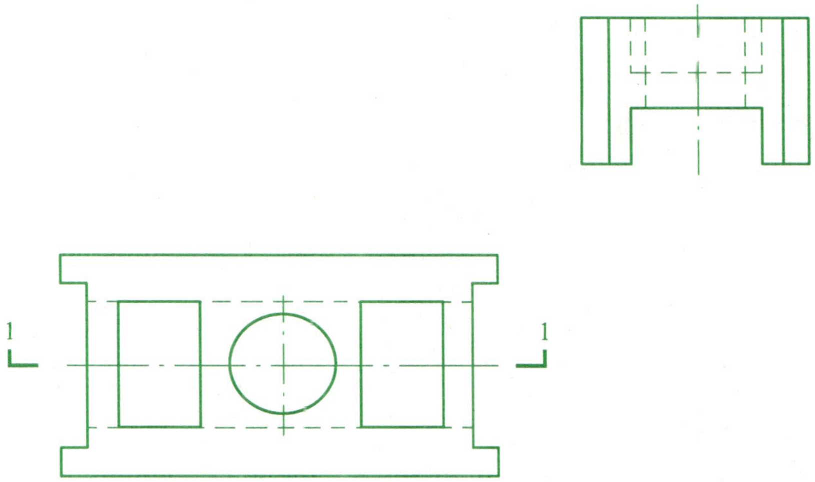

3. 补绘形体的 $W$ 面投影，并在 $V$、$W$ 面投影选择适当剖面图。

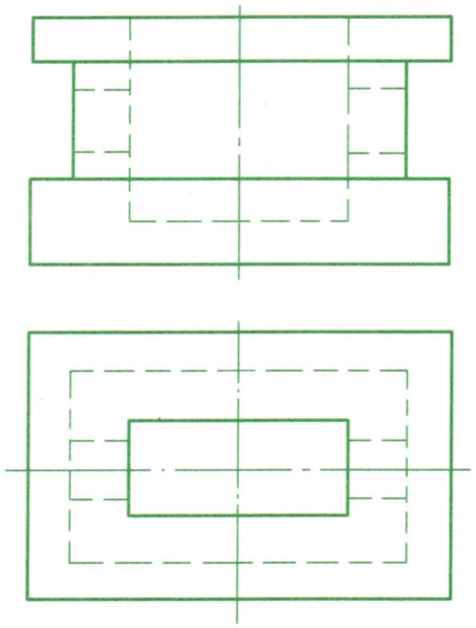

4. $V$ 面投影取1—1全剖面图，$W$ 面投影取2—2半剖面图，并选择适当的局部剖面图表示。

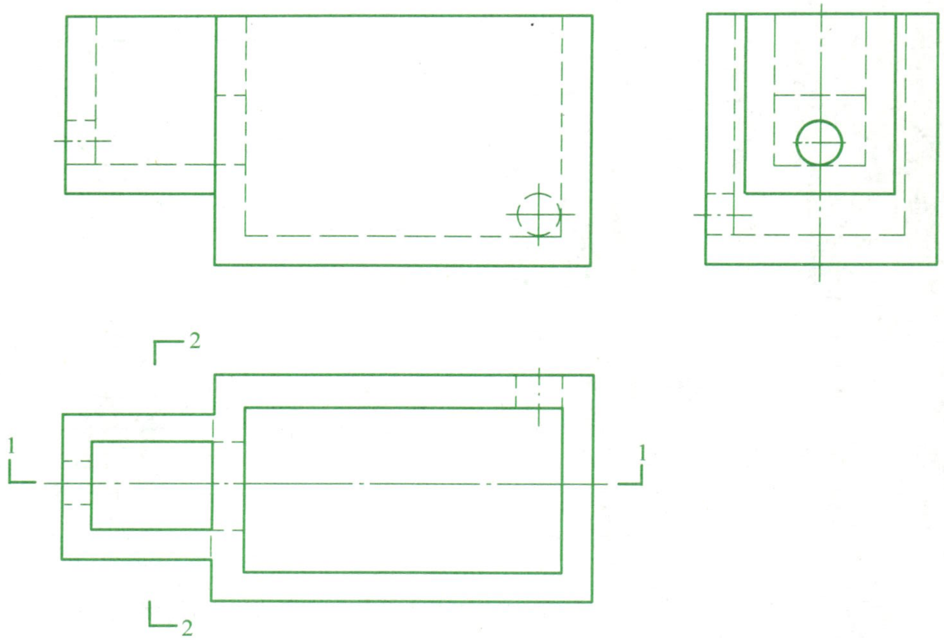

5. 补绘1—1剖面图(2—2剖面图中的虚线为雨篷的投影)。

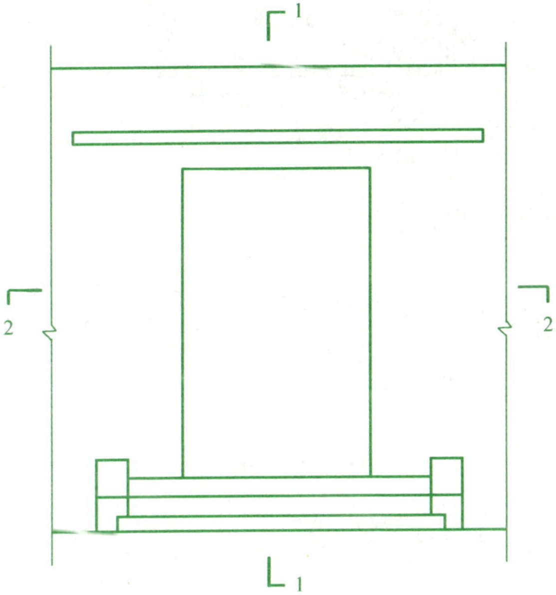

2—2剖面图

班级　　　　姓名　　　　学号

6. 补绘茶棚的2—2剖面图。

正立面图　1∶100

1—1剖面图　1∶100

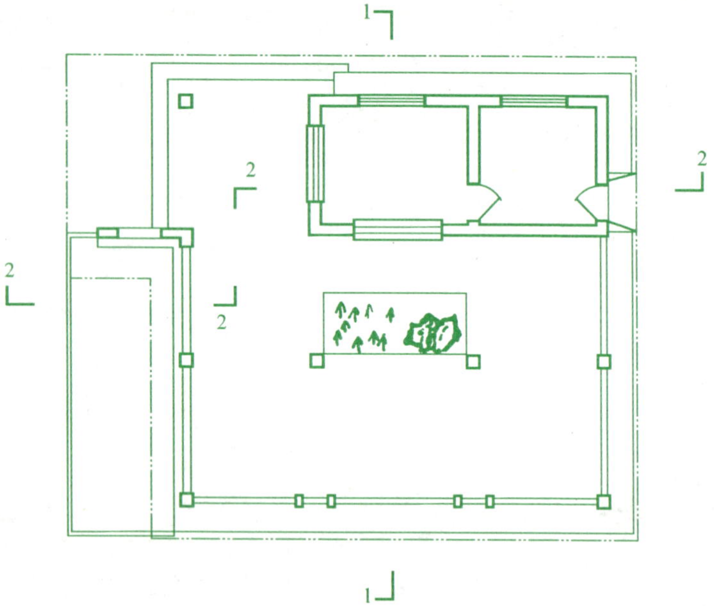


平面图　1∶100

7. 补绘形体的1—1剖面图。

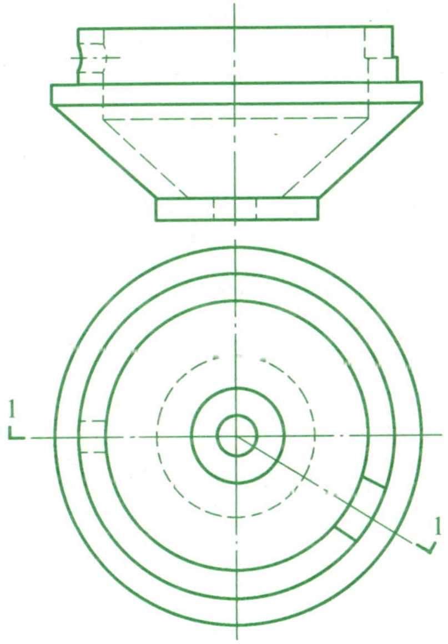


8. 补绘出剖面图中缺少的图线。

(1)

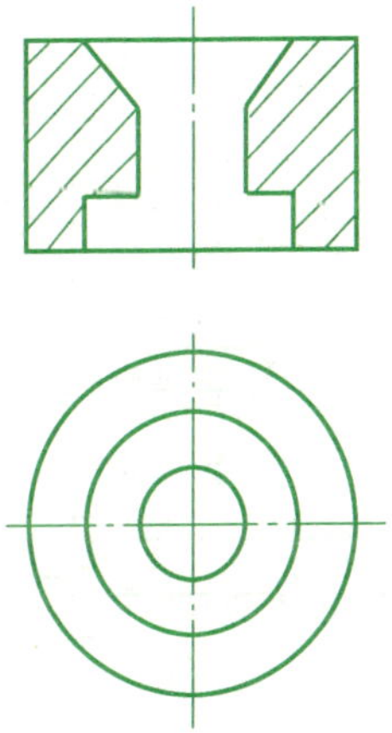

(2)

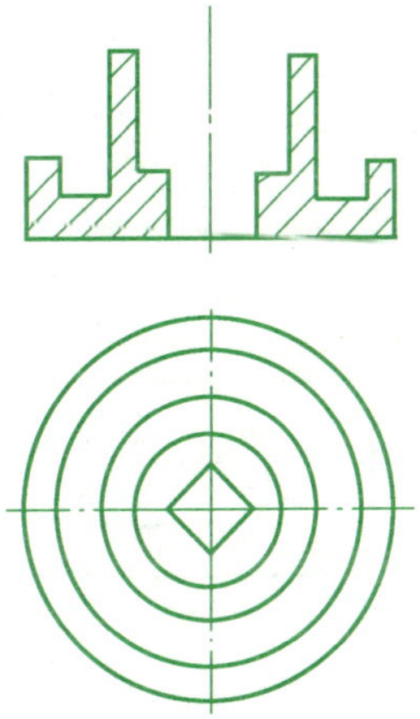

(3)

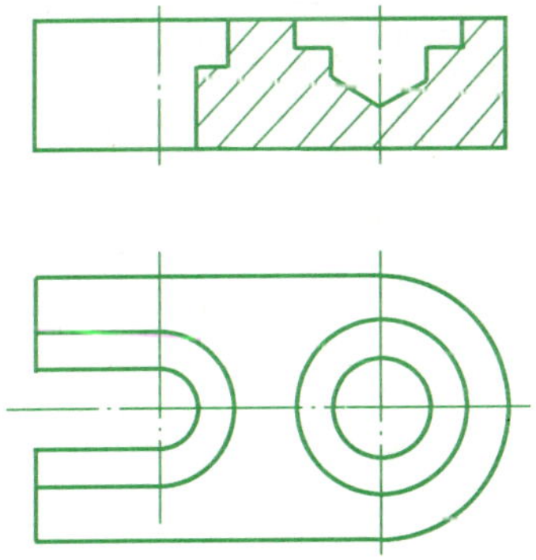

## 11–3　断面图

1. 作出变截面T形梁的1—1、2—2、3—3 移出断面图。

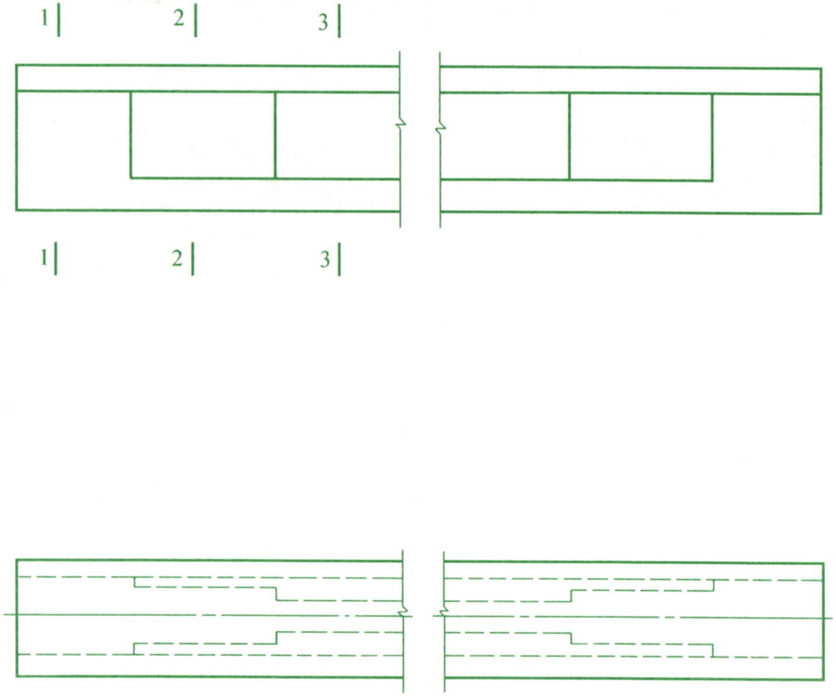


2. 作出柱子 1—1、2—2、3—3 移出断面图。

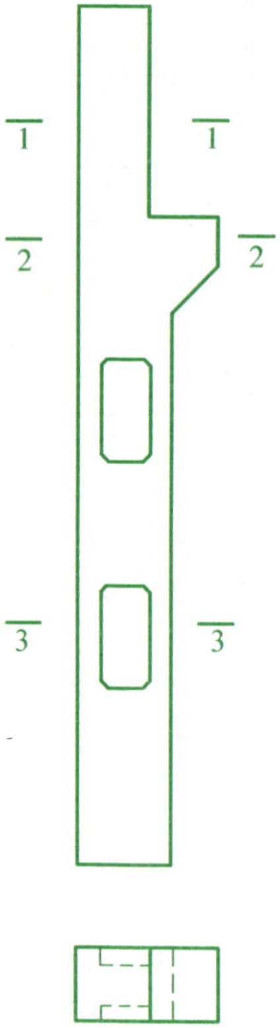

# 第十二章　建筑施工图

## 12-1　建筑施工图

读懂第73~76页所示学生宿舍的建筑施工图，结合有关说明，试完成：
(1) 抄绘底层平面图、南立面图和1—1剖面图；
(2) 补绘北立面图及2—2剖面图。

南立面图 1:100

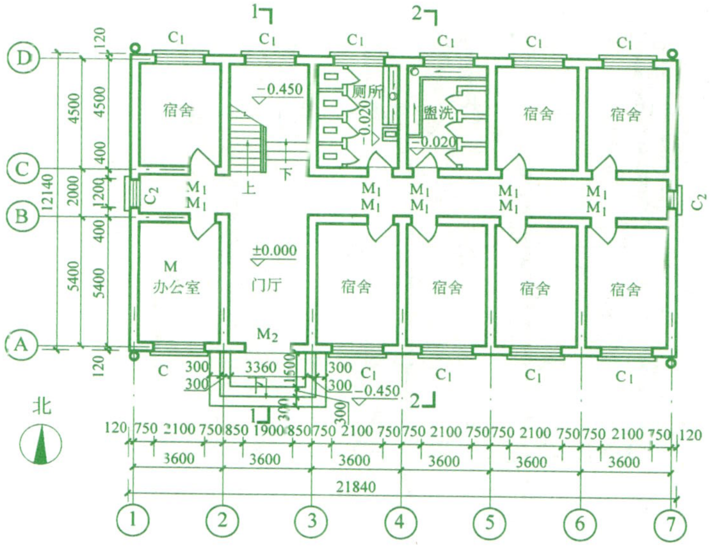


底层平面图 1:100

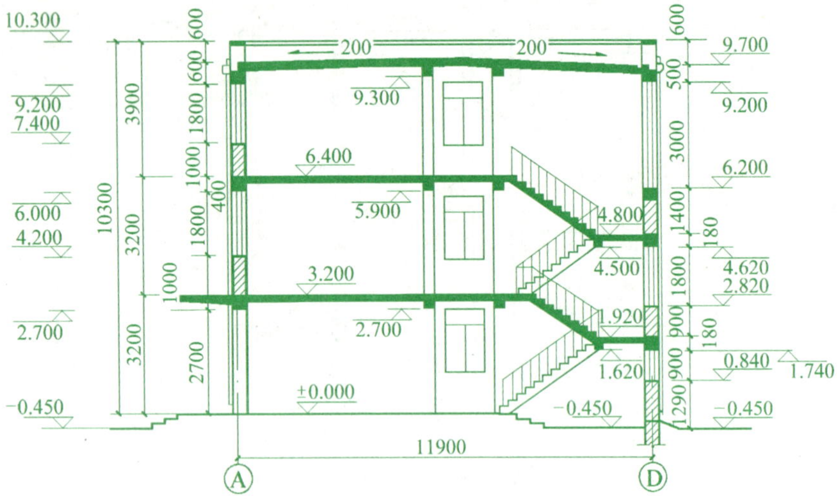


1—1剖面图　1:100

门 窗 表

| 编号 | 门窗洞尺寸 | | 数量 | | | 合计 | 备注 |
|---|---|---|---|---|---|---|---|
| | 宽度 | 高度 | 底层 | 二层 | 三层 | | |
| $C_1$ | 2100 | 1800 | 10 | 12 | 11 | 33 | |
| $C_2$ | 1200 | 1800 | 2 | 2 | 2 | 6 | |
| $C_3$ | 2100 | 900 | 1 | | | 1 | 北向楼梯间 |
| $C_4$ | 2100 | 3000 | | | 1 | 1 | 北向楼梯间 |
| $M_1$ | 1000 | 2700 | 10 | 11 | | 21 | |
| $M_2$ | 1900 | 2700 | 1 | | | 1 | |
| $M_3$ | 1000 | 2900 | | | 11 | 11 | |

说明：
1. 窗台厚和挑出部分为60 mm。雨篷挑出1500 mm，板端厚50 mm，根部厚100 mm。
2. 楼梯间第三层$C_3$窗格式样自行选择。
3. 外墙面采用浅蓝色面砖。
4. 图名：学生宿舍。

## 12-2　楼梯详图

根据第84、85页所示的1-1剖面图和楼梯平面图，结合第86页所示楼梯踏步、栏杆扶手详图及有关说明，按1:50比例绘出1-1楼梯剖面图，并抄绘楼梯平面图。

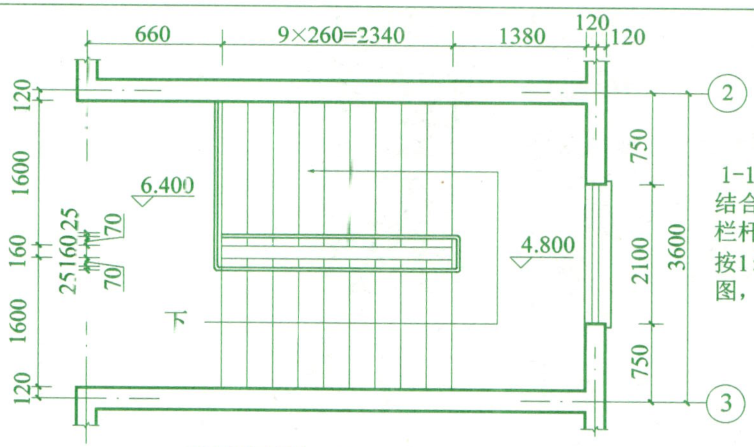


顶层平面图 1:50

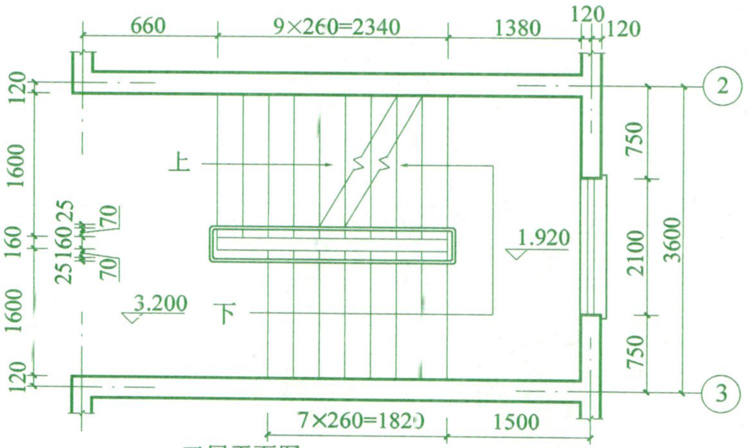


二层平面图 1:50

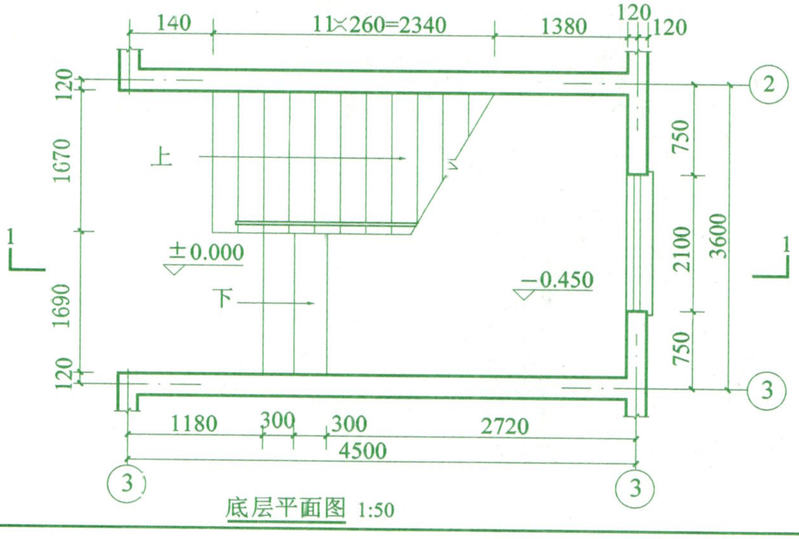


底层平面图 1:50

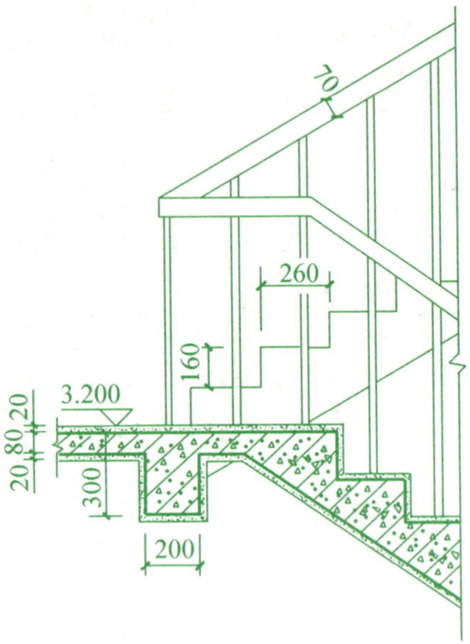


二层楼板节点详图1:20

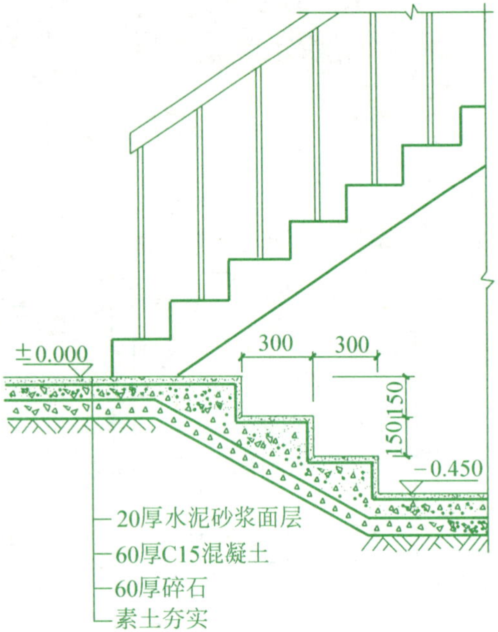


底层节点详图1:20

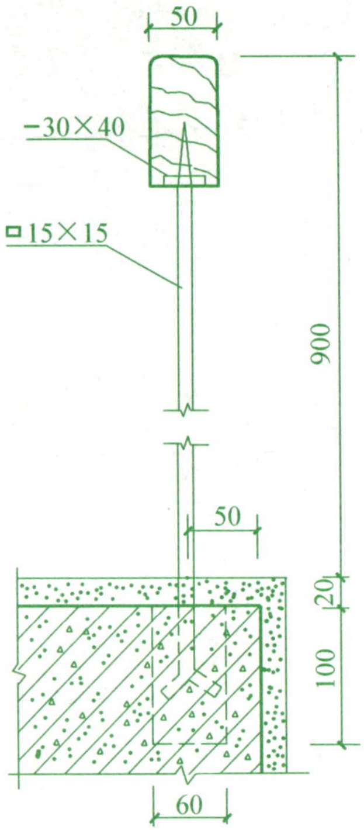


栏杆扶手详图1:4

说　明：

1. 楼梯为现浇式钢筋混凝土楼梯，楼板与平台板厚为80 mm；
2. 面层20 mm；
3. 窗台厚和挑出均为60 mm；
4. 栏杆中心离梯段板侧端面70 mm；
5. 第一梯段梯板厚110 mm，其余梯板厚90 mm。

12-3　亭的建筑施工图

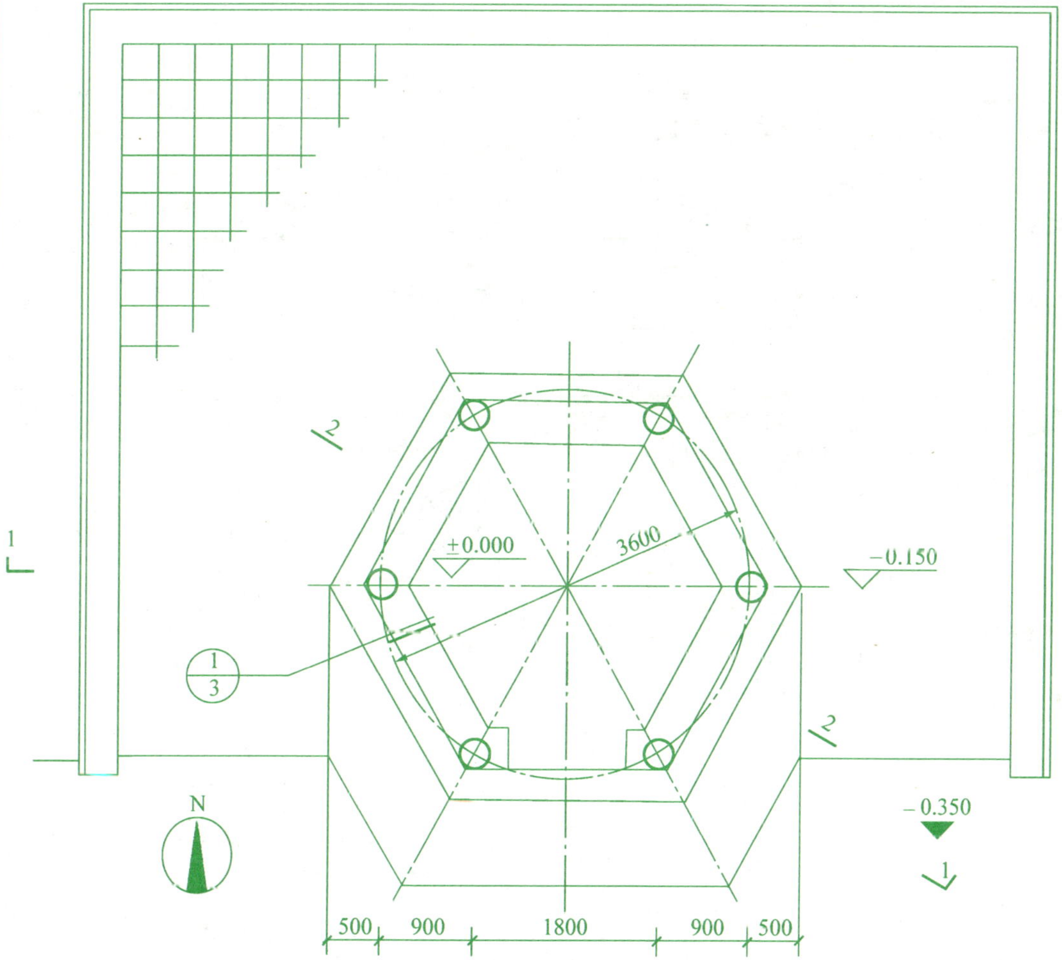


平面图 1:100

第87～89页所示为一上四角、下六角重檐亭。该亭采用框圈式构造，上下各一道框圈梁用斜背梁支撑，形成了刚度极好的框圈梁，试绘制其建筑施工图。

该亭为白柱绿瓦，玻璃片砌出檐间环窗。其他未给定材料由教师教学时补充。

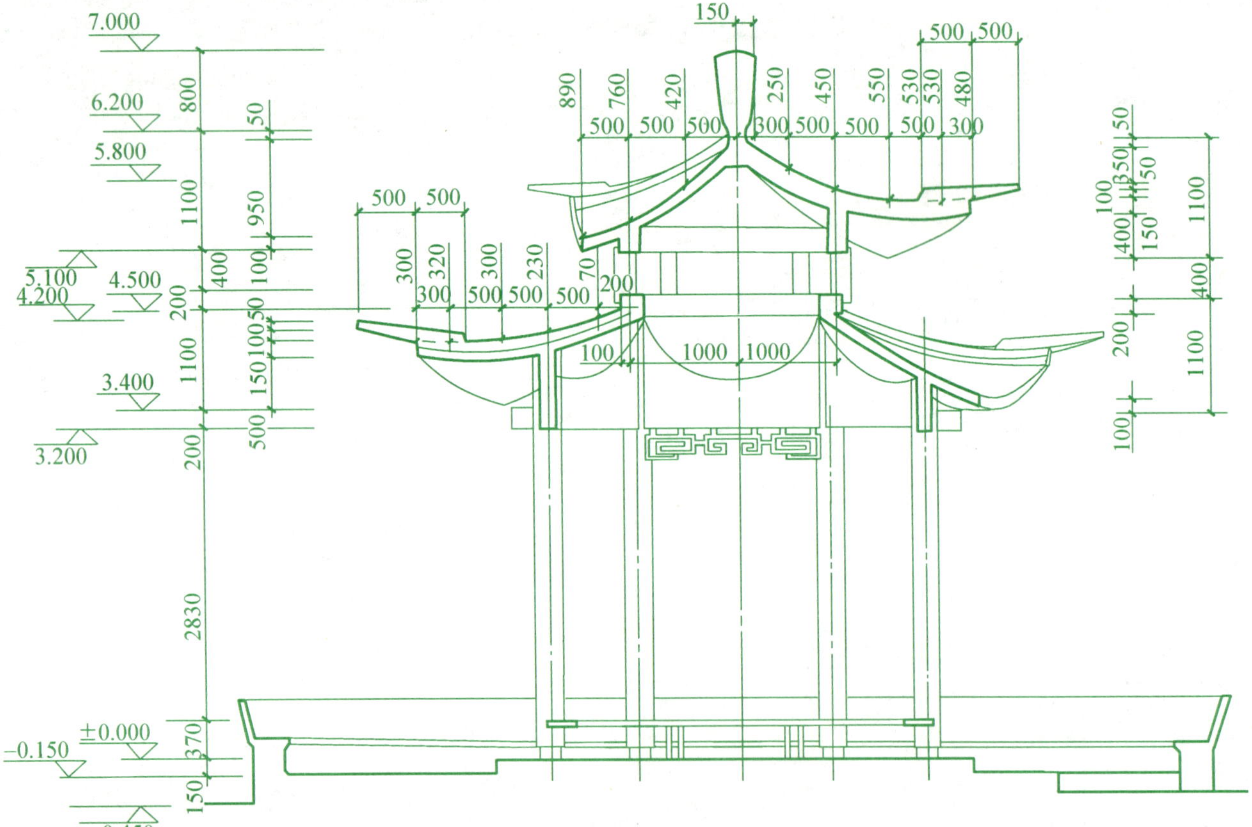
7.000
6.200
5.800
5.100
4.200
4.500
3.400
3.200
±0.000
-0.150
-0.450
800
1100
400
200
1100
500
200
2830
370
150
150
500 500
890 760 420 250 450 550 530 530 480
500 500 500 300 500 500 500 300
500 500
300 320 300 230 70
300 500 500 500 200
100 1000 1000
1100
400
1100
100

1—1剖面图　1:100

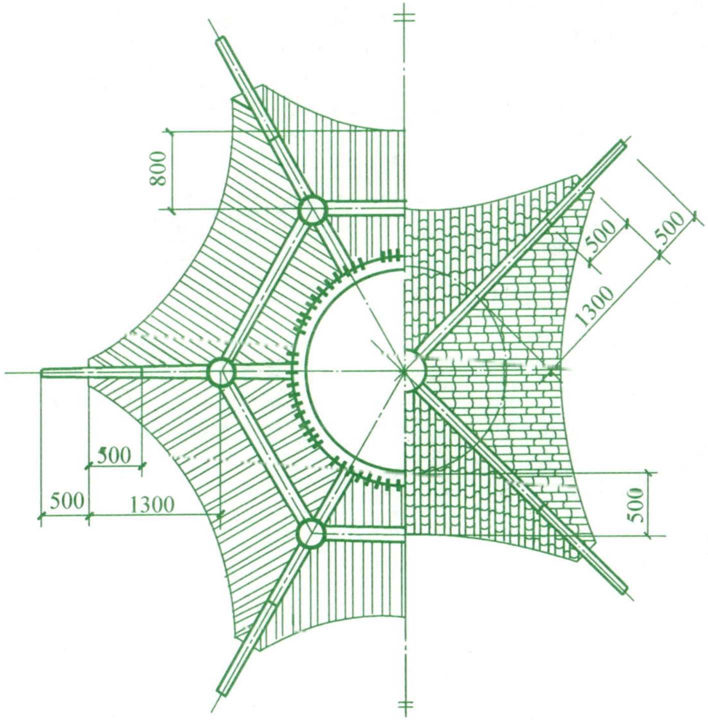

800
500
500
1300
500
500
500
1300
500


天花　　亭顶

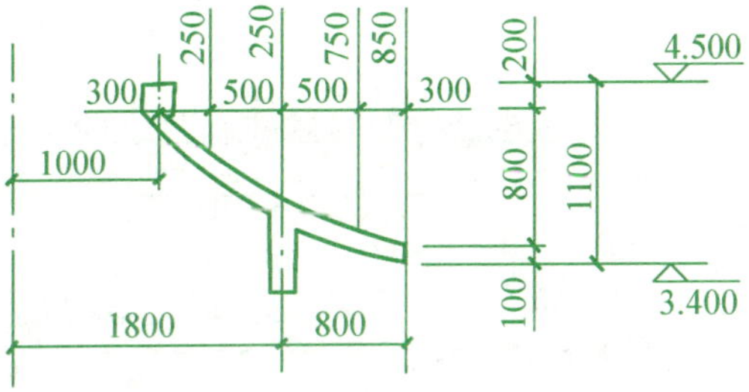

250
250
750
850
200
4.500
300
500
500
300
1000
800
1100
100
3.400
1800
800


2—2

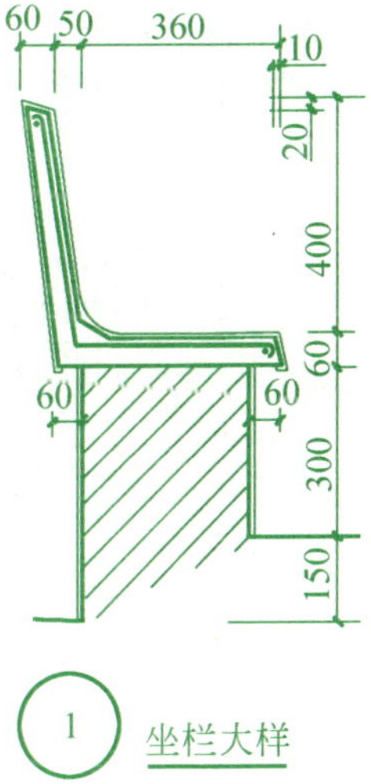

60
50
360
10
20
400
60
60
60
300
150
1


坐栏大样

## 12-4　园林小品建筑施工图

1. 抄绘图示花架的平面图、正立面图、侧立面图及基础详图，并补绘坐凳详图①。

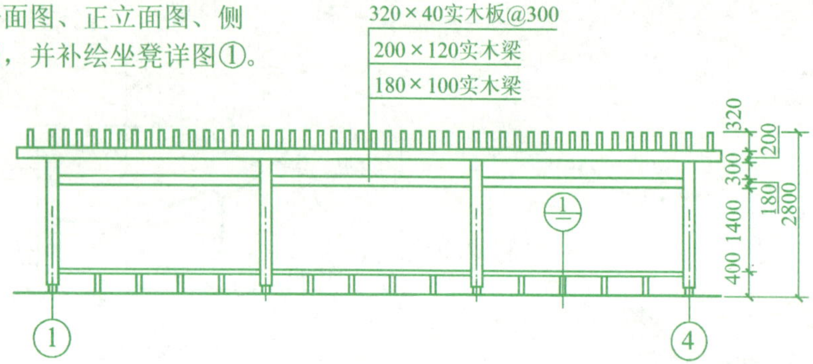


正立面图 1 : 50

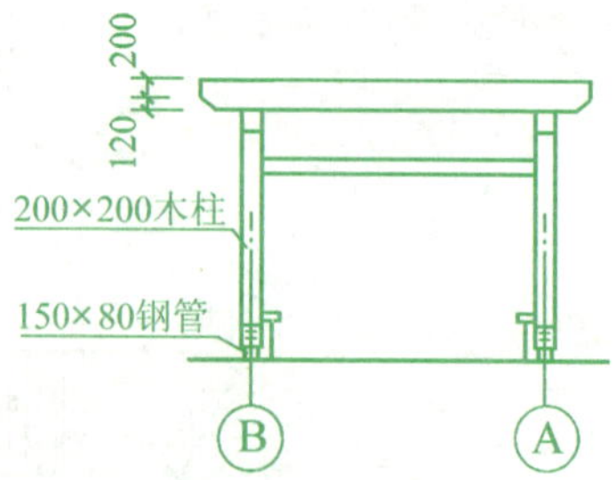


左侧立面图 1 : 50

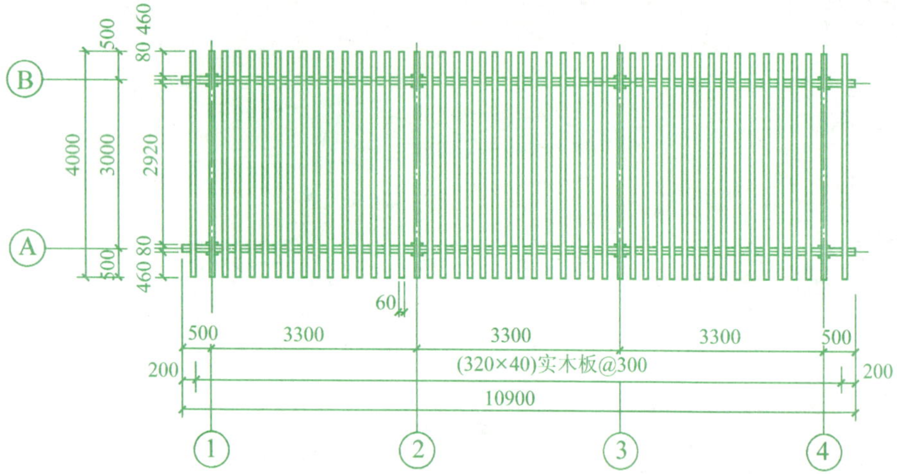


花架顶平面图 1 : 50

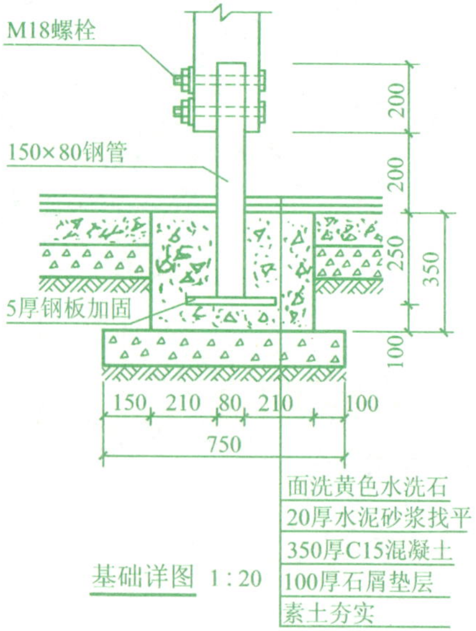


基础详图 1 : 20

2. 抄绘图示花台的平面图、正立面图及详图②(第82页)，并补绘详图①。

正立面图　1:50

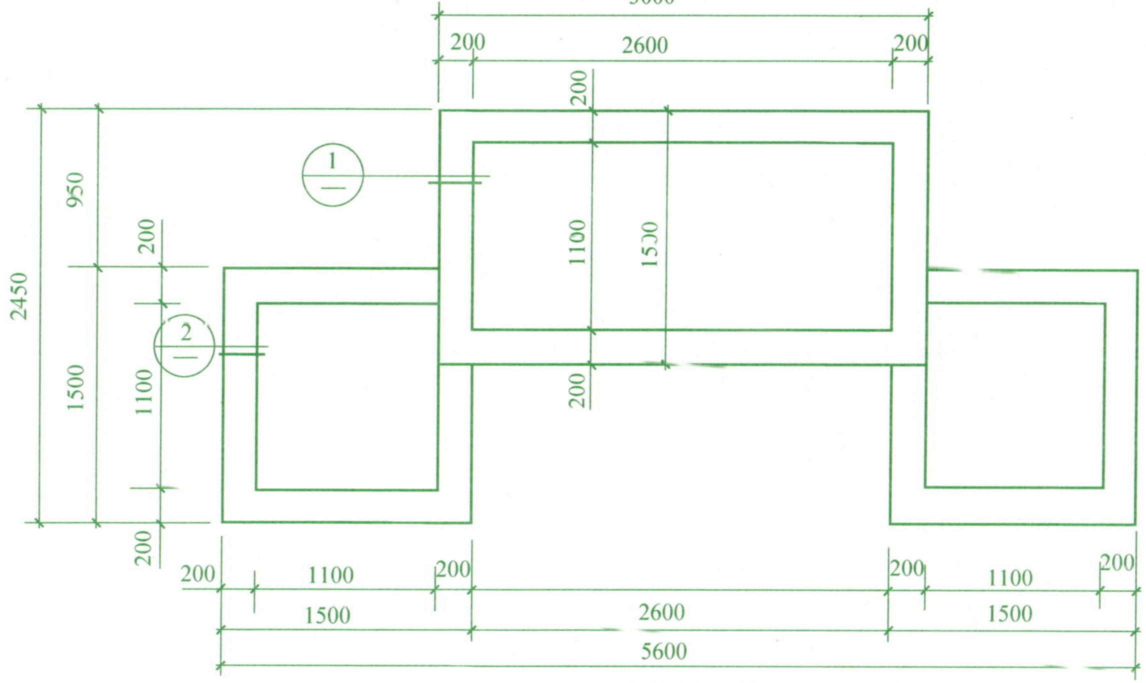


平面图　1:50

班级　　　　姓名　　　　学号

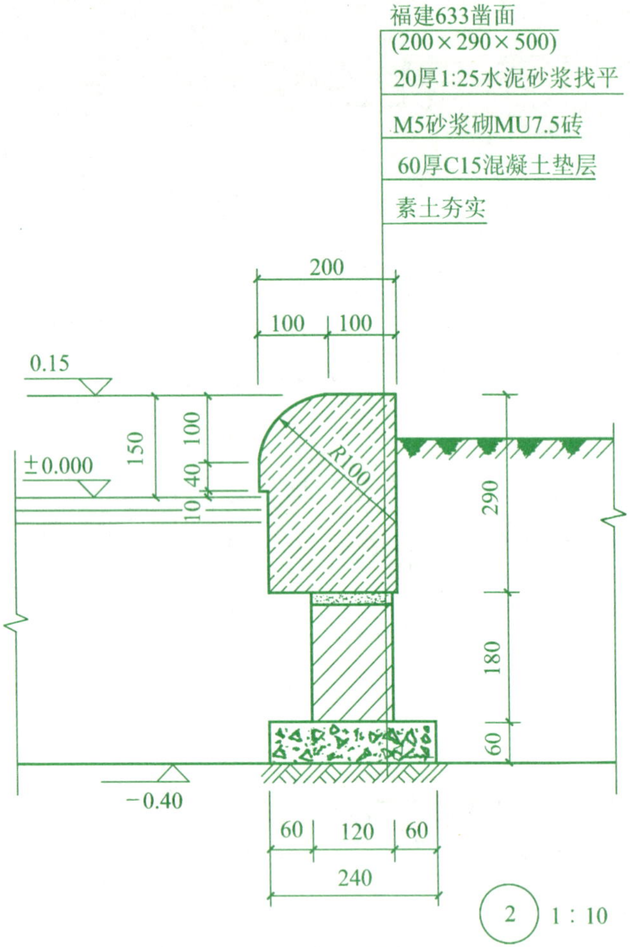

福建633凿面
(200×290×500)
20厚1:25水泥砂浆找平
M5砂浆砌MU7.5砖
60厚C15混凝土垫层
素土夯实
200
100
100
0.15
±0.000
−0.40
150
100
40
10
R100
290
180
60
60
120
60
240
2
1 : 10

## 第十三章　结构施工图

1. 钢筋混凝土梁配筋图(读图并抄图)。

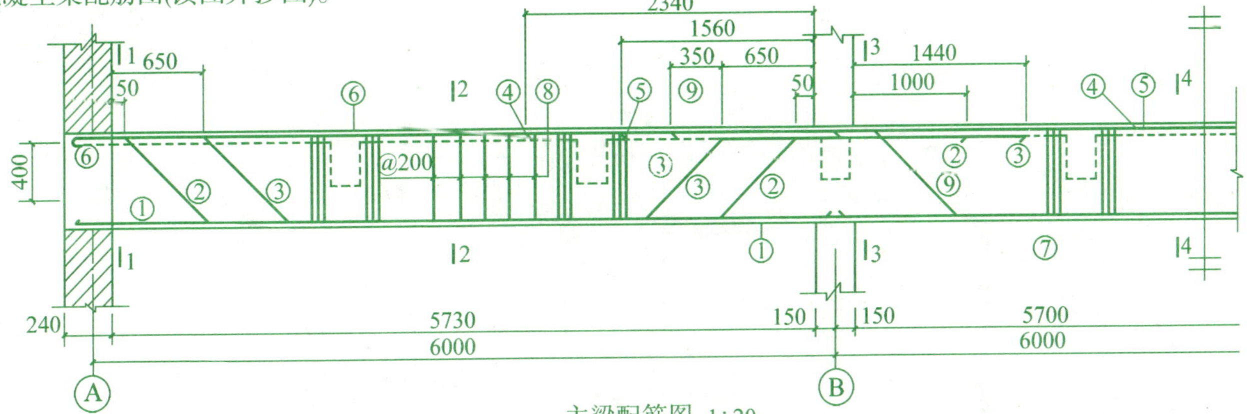


主梁配筋图　1:20

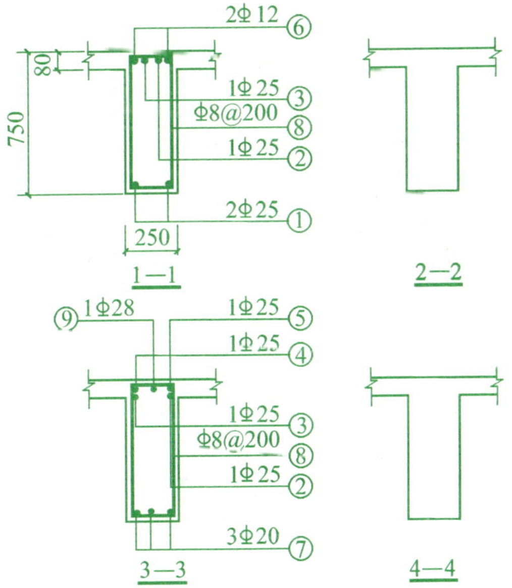


| 构件 | 编号 | 简　图 | 直径 | 单根长(mm) | 根数 | 总长(m) |
|---|---|---|---|---|---|---|
| 主梁 | 1 | 6150 | Φ25 | 6150 | 4 | 24.60 |
| | 2 | 990 4230 990 | Φ25 | 7955 | 2 | 15.91 |
| | 3 | 990 2970 990 | Φ25 | 8340 | 2 | 16.68 |
| | 4 | 10980 | Φ20 | 10980 | 1 | 10.98 |
| | 5 | 9420 | Φ20 | 9420 | 1 | 9.42 |
| | 6 | 6200 | Φ12 | 6200 | 4 | 24.80 |
| | 7 | 6150 | Φ20 | 6150 | 3 | 18.45 |
| | 8 | 200 700 | Φ8 | 1920 | 126 | 241.92 |
| | 9 | 1350 990 4230 990 1350 | Φ28 | 8910 | 1 | 8.91 |

2. 结构平面图(读图并抄图)。

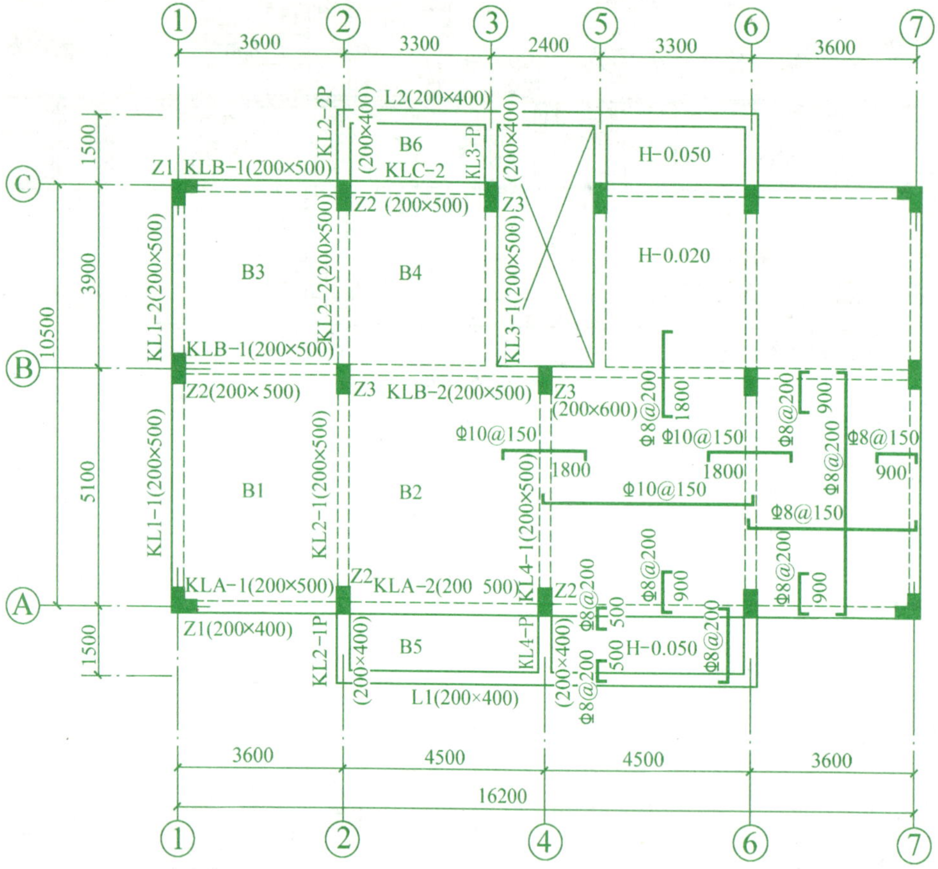


二层结构平面图 1∶100

3.抄绘基础平面布置图、基础详图(见第96页)。

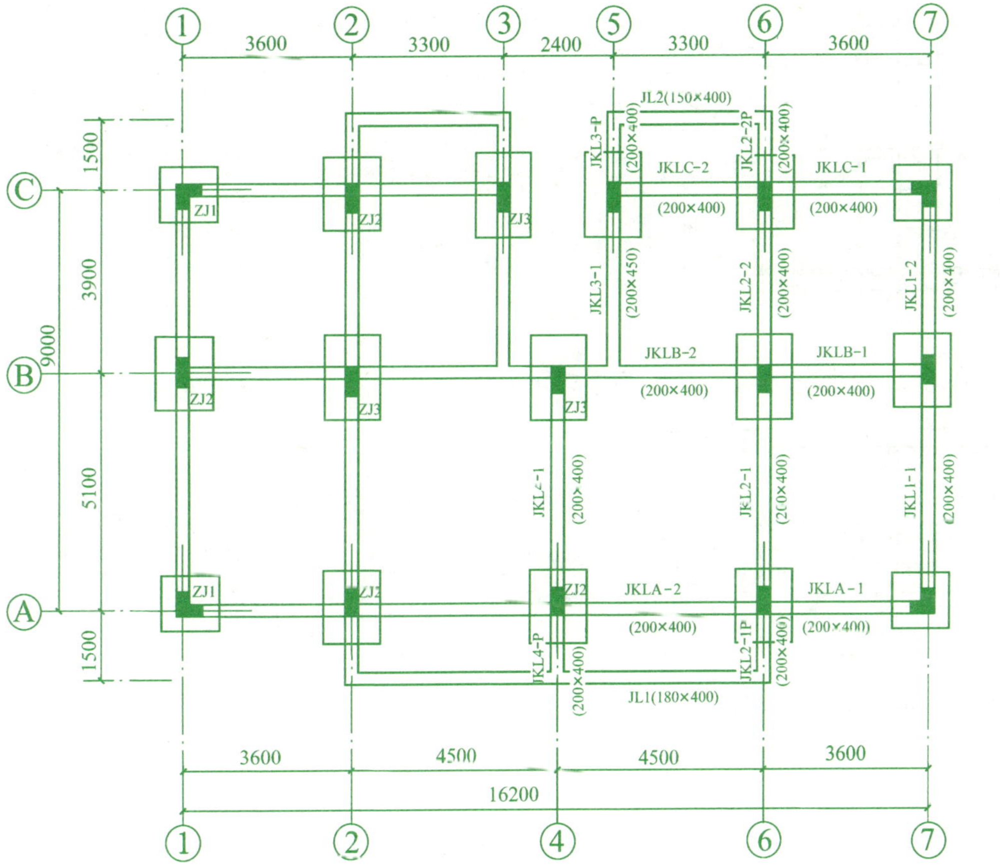


基础平面布置图 1:100

班级　　　　姓名　　　　学号

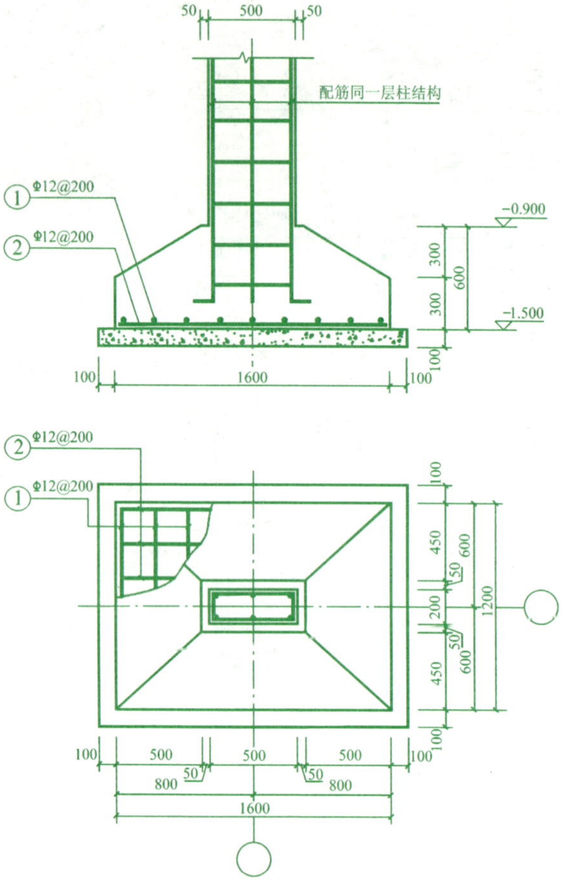


独立基础详图 1∶20

4. 反梁式板亭结构配筋图(读图并抄图)。

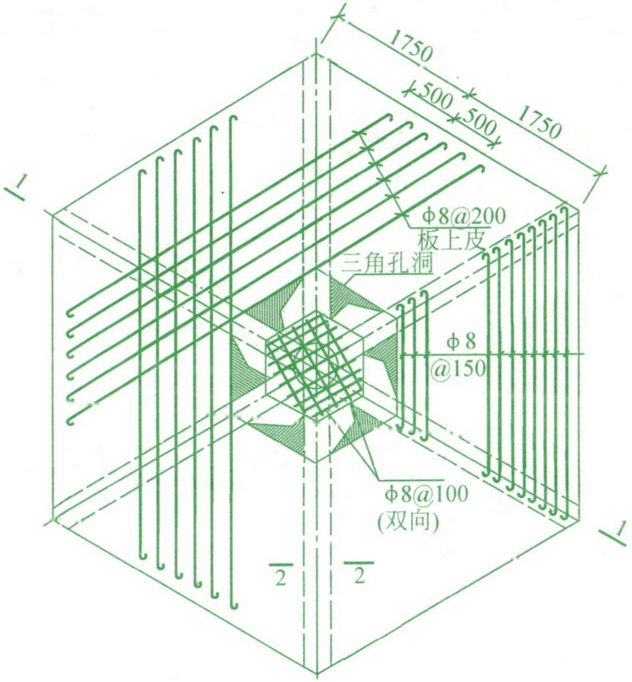


平面图 1:20

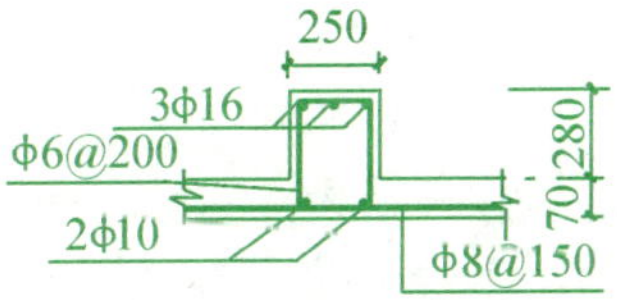


2—2 1:20

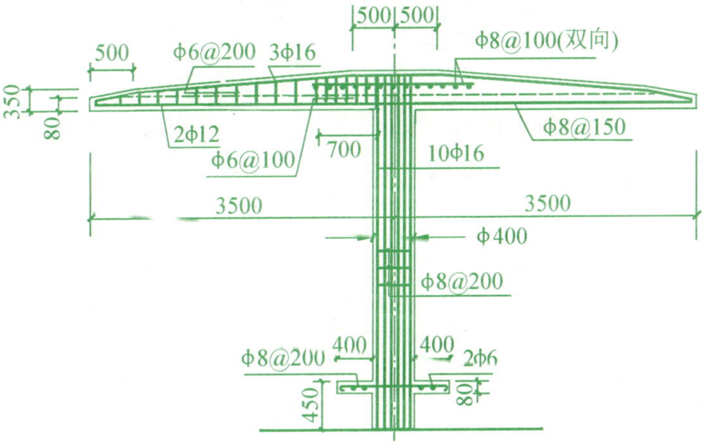


1—1 1:20

反梁式板亭结构配筋图

说明：这是反梁式板亭结构。对伞亭进行设计时，将梁翻上去，使悬梁隐蔽到伞亭顶板上，并根据力学和构造上的原因，将亭板端作向上起翘收分。对这种结构形式可按倒T形截面的悬臂梁板计算和配筋，具体情况如图所示。

班级　　　　姓名　　　　学号

## 第十四章　风景园林工程设计图

阅读第99~100页图示某办公楼前庭院的平面图及示意图，并结合第100页的说明，全面了解庭院的整体规划布局和景物的具体平面位置和朝向，以及植物的种植配置。完成下列要求：

(1)绘制庭院的总体规划设计图和立面图；

(2)绘制庭院的东墙假山设计图；

(3)绘制庭院的铺地和园路设计图(铺地为卵石铺地，园路为卵石嵌花路面)；

(4)绘制庭院的水体设计图，注意喷泉的表示；

(5)绘制庭院的绿化种植设计图。

注：①景物的具体平面位置和各种植物种植配置的具体尺寸，根据图示按比例量得。
　　②未给定的构造尺寸，由教师教学时补充。

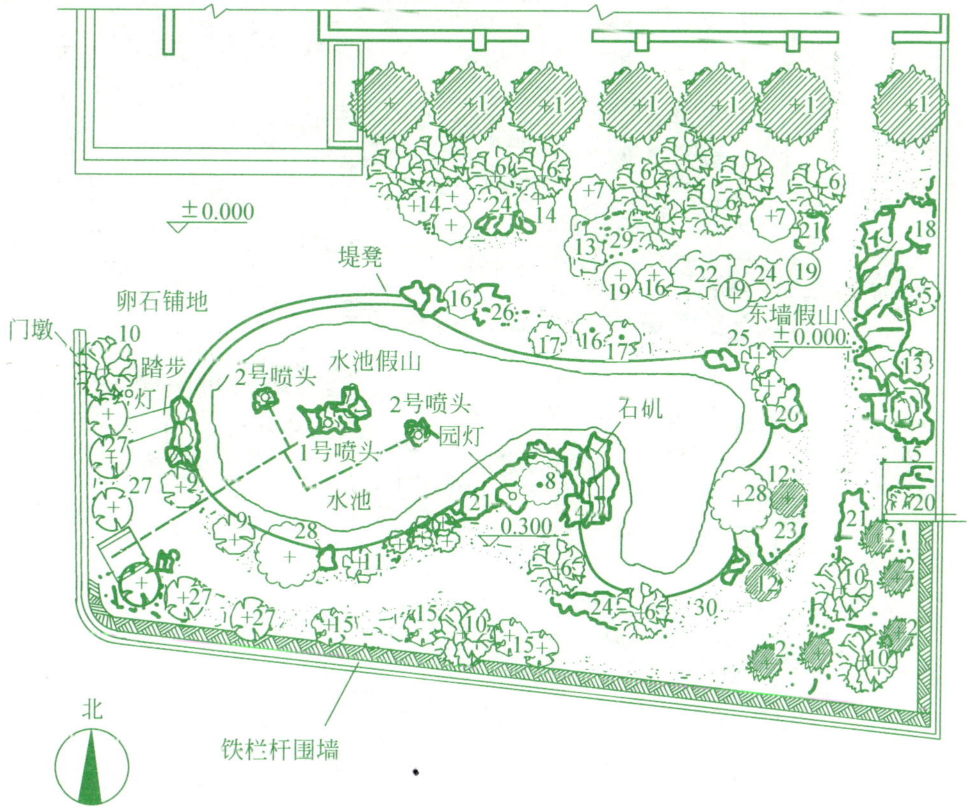


平面图

0　　5　(单位：m)

园林植物

1—龙柏；2—罗汉松；3—匍地柏；
4—黑松；5—五针松；6—桂花；
7—紫薇；8—红枫；9—白玉兰；
10—香樟；11—茶花；12—杜鹃；
13—南天竹；14—菠萝花；15—栀子花；
16—红叶李；17—含笑；18—蜡梅；
19—枸骨；20—四季竹；21—迎春；
22—月季；23—木香；24—蔷薇；
25—大叶黄杨；26—鸢尾；27—夹竹桃；
28—垂柳；29—天鹅绒草；30—书带草

说明：

庭院以绿化为基调、水池为中心、假山喷泉为主题，形成树、水、石三者有机统一的封闭式庭院空间。庭院为了取得小中见大的效果，尽量使园路展向四周，并由园路将整体自然分割为三个组成部分：

(1)自然式水池，四周有山石点缀，内设一大二小的假山喷泉，大喷泉喷水高度大约3 m，两侧各有一个低矮的伞形喷泉，阀门全开时，可展成球面。三股喷泉一起喷水，如“大珠小珠落玉盘”，增添庭院的活力。

(2)办公楼与水池之间为桂花林，待到中秋时节，花香四溢，给人以清馨之感。

(3)以东侧粉墙作背景，用假山石配置松竹梅，组成立体画面作庭院入口的对景，富于诗情画意。

注：水池深度为600 mm。

庭园示意图

## 第十五章　透视与阴影

### 15–1　平行透视图

1. 作形体的平行透视。

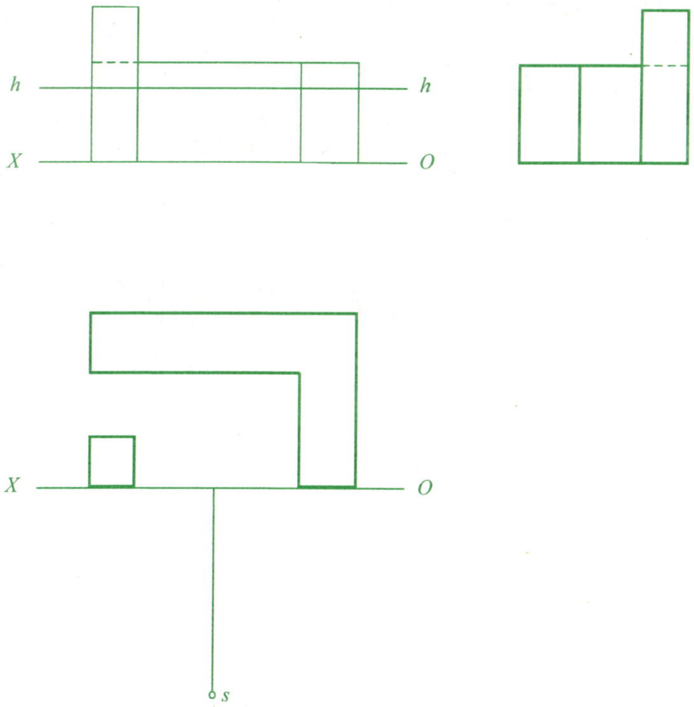


2. 作拱形门的平行透视。

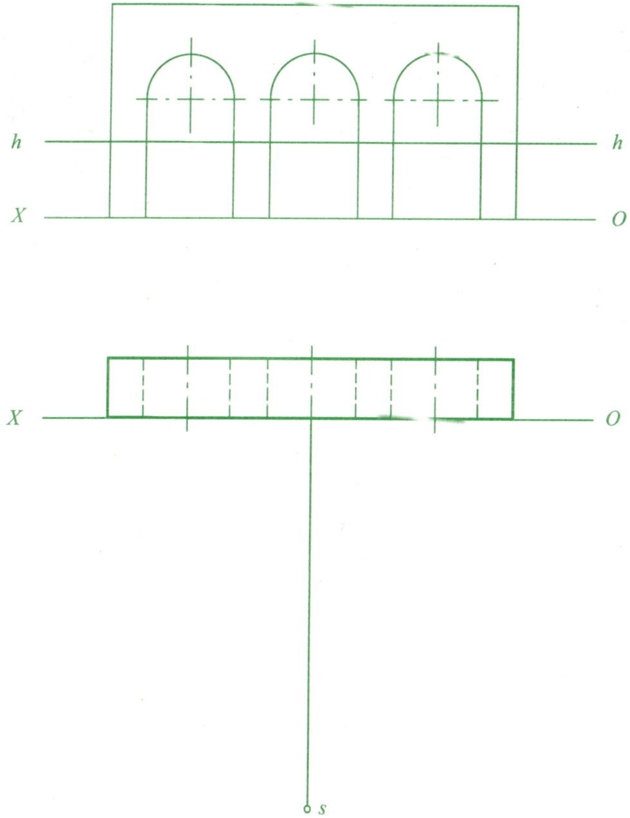

3. 作纪念碑的平行透视图。

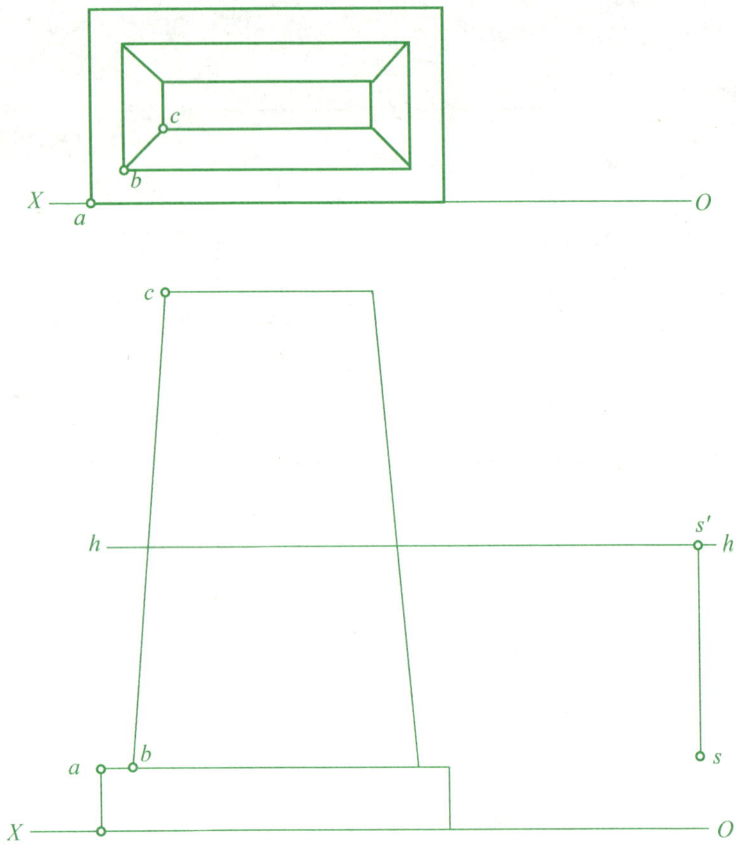


4. 求作建筑小品的平行透视图。

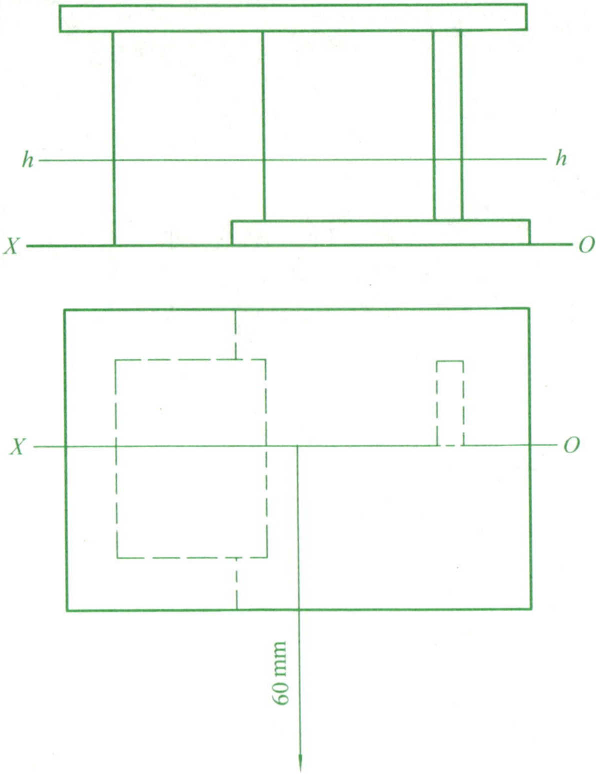

## 15-2　成角透视图

1. 作形体的成角透视图。

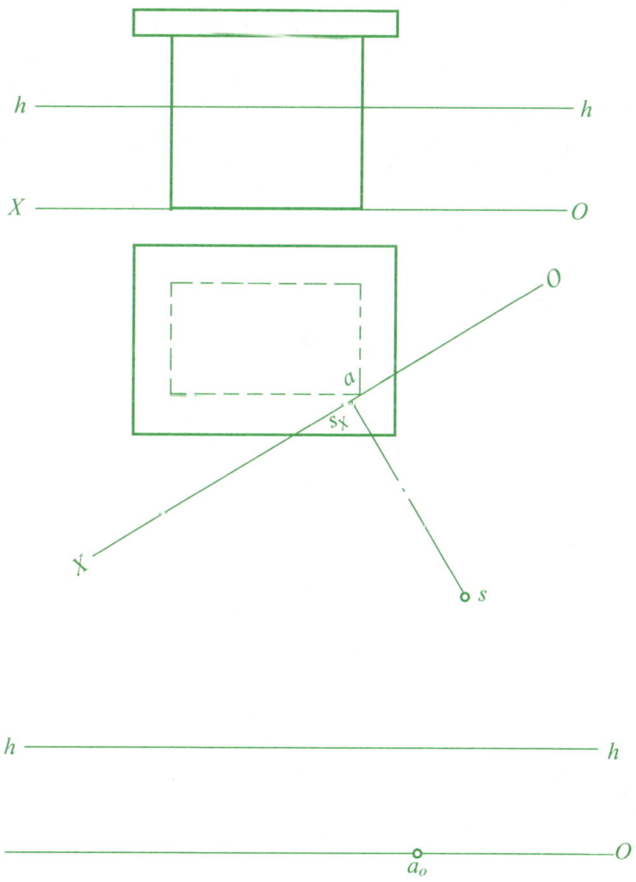


2. 作形体的成角透视图。

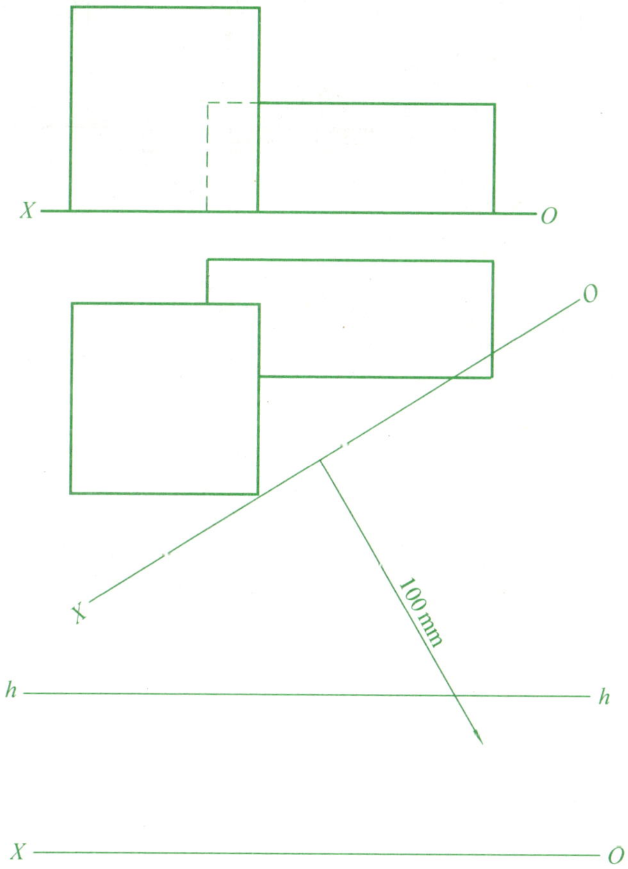

班级　　　　姓名　　　　学号

3. 求作建筑小品的成角透视图，自选画面和视点。

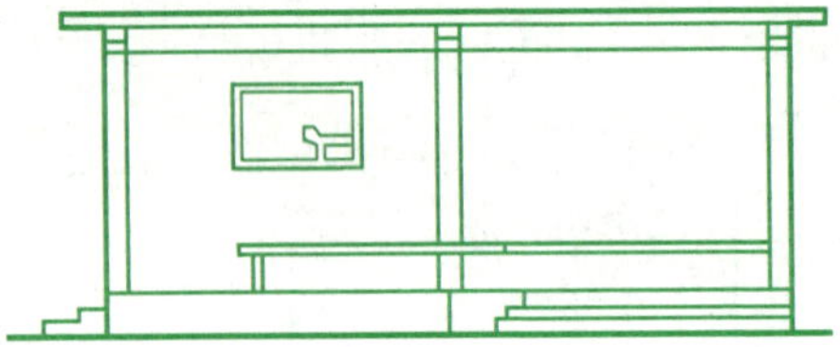

正立面图

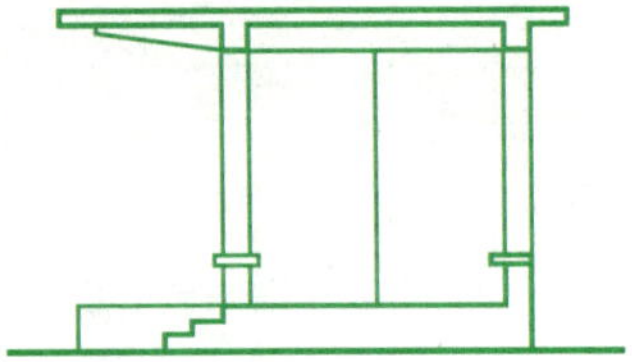

1—1

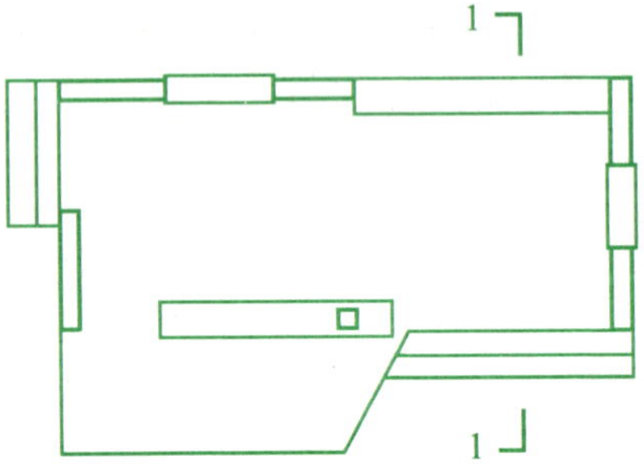


平面图

4. 求作房屋的成角透视图，自选画面与视点。

正立面图

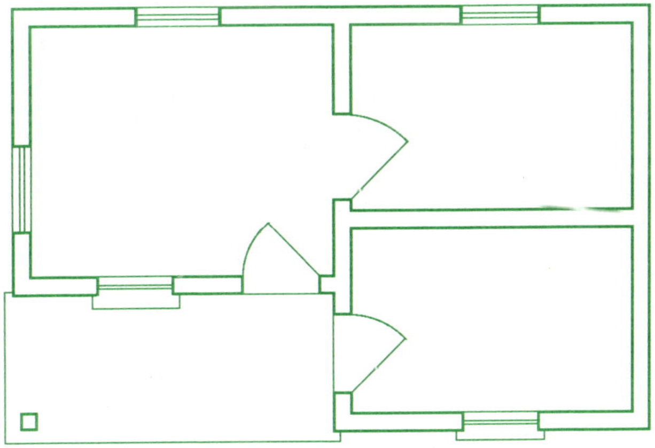

平面图

班级　　　　姓名　　　　学号

## 15-3　鸟瞰透视图

1. 以方块1、2、3为底，作高20 mm的方柱的透视，以方块4、5、6、7为基，在其上方距基面30 mm处作正方体的透视；在8、9、10、11各点处竖一高为40 mm的立杆。

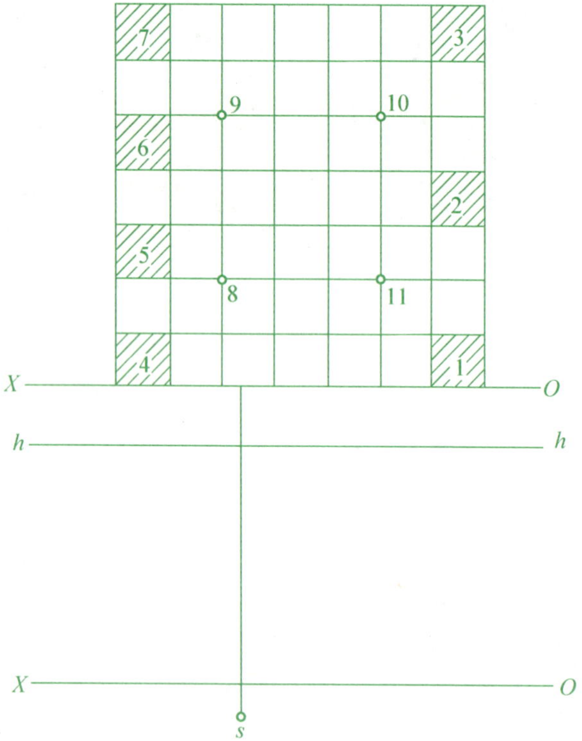


2. 以方块1、2、3、4为底，作高30 mm的方柱的透视，在5、6、7、8、9、10、11各点处竖高为50 mm的立杆。

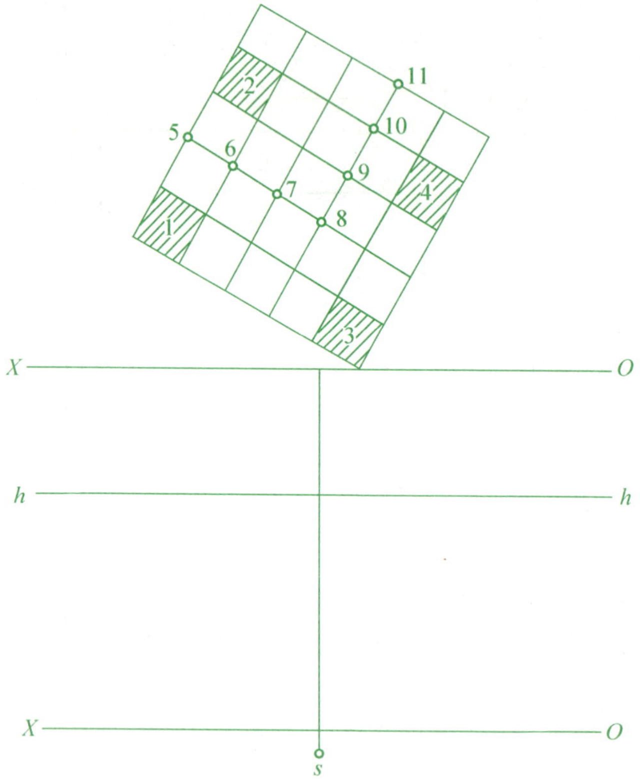

3. 如第107～109页所示为伞亭与花架为主体的小游园的总平面图、平面图、正立面图和侧立面图及示意图。根据图示，用网格法绘出小游园的成角鸟瞰透视图。

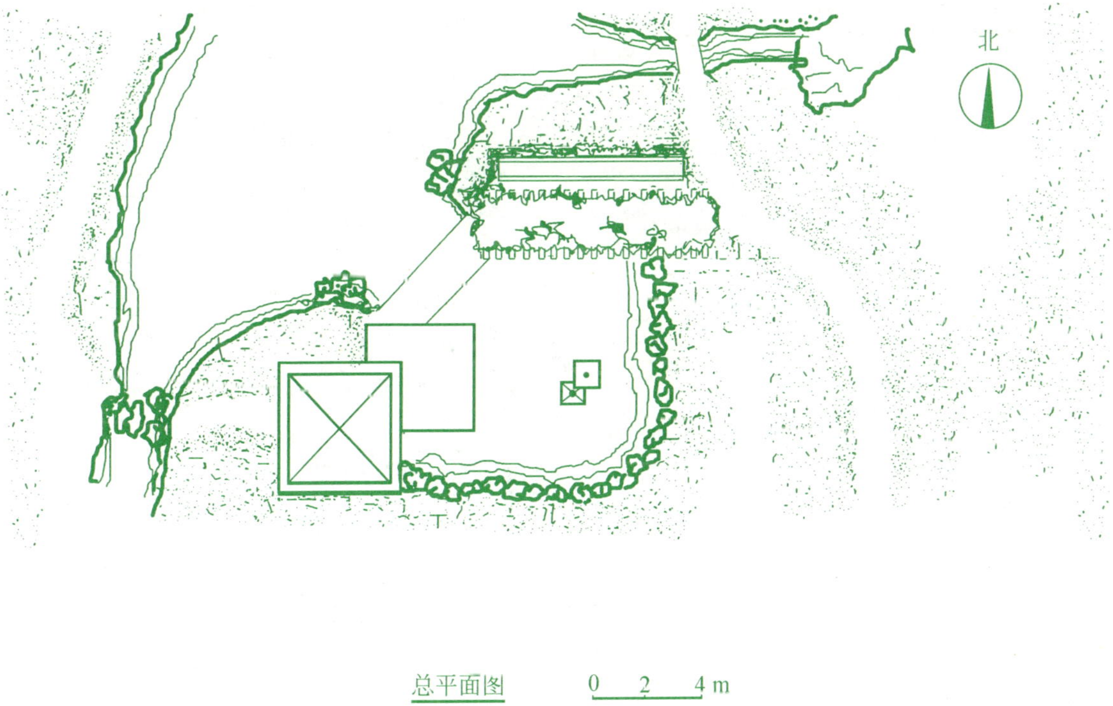


总平面图

班级　　姓名　　学号

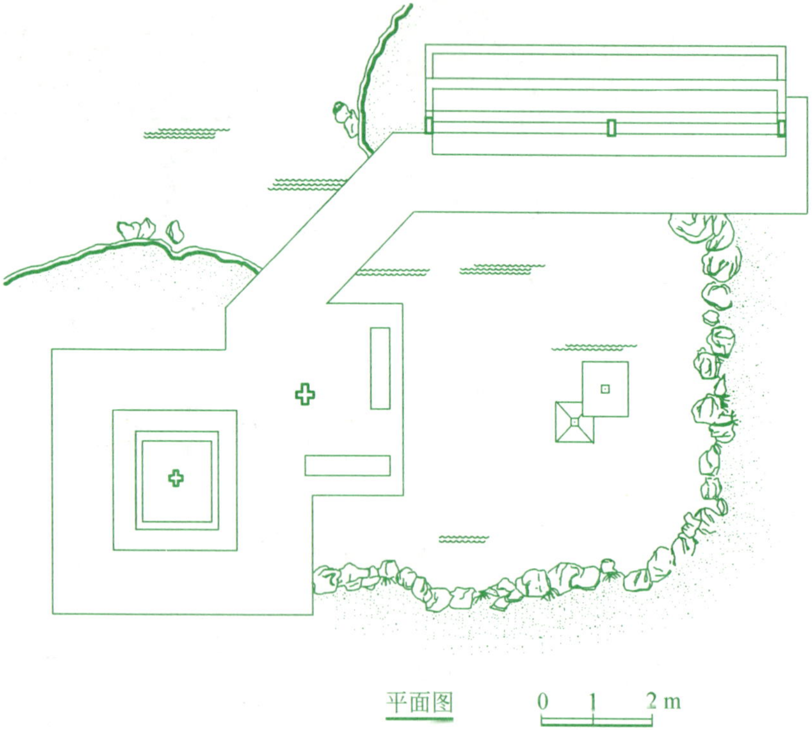

小游园示意图

说明：

在小游园中, 整个建筑简洁明快, 占地面积小, 置景多样而集中。其中两个方形伞亭, 一高一低, 一正一反, 与花架、喷水池组成整体；水池中喷水口也设计成一高一低、一正一反两个方形大盘, 以增强整体感；亭采用钢筋混凝土结构, 外涂白色涂料。

班级　　　　姓名　　　　学号

4. 如第110~112 页所示为亭廊与花架的总平面图、平面图、立面图及示意图。
根据图示，采用网格法绘出该亭廊与花架的平行鸟瞰透视图。

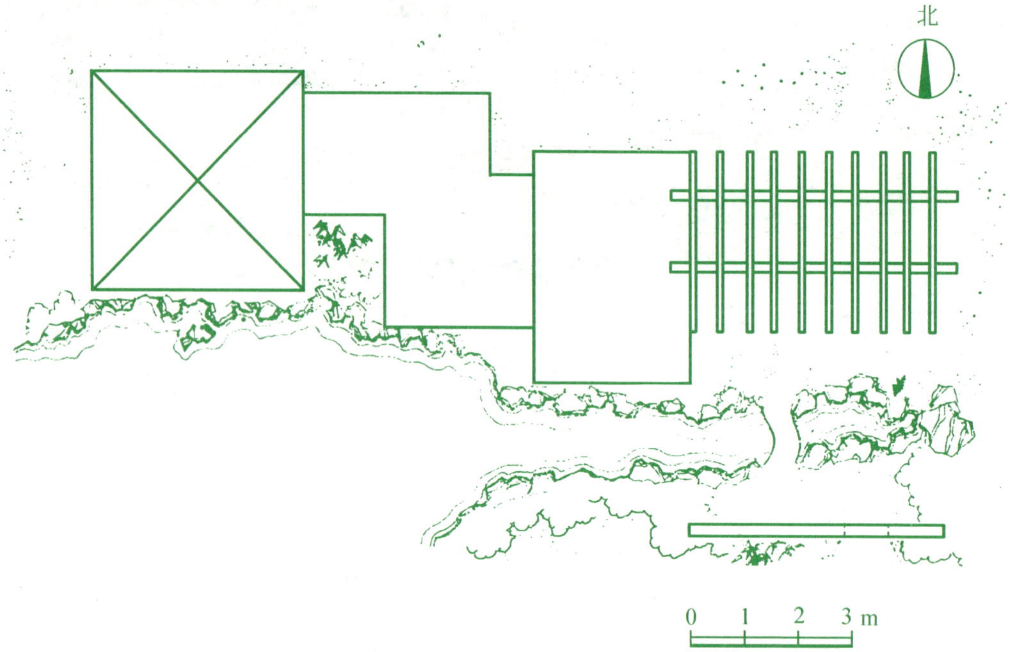


总平面图

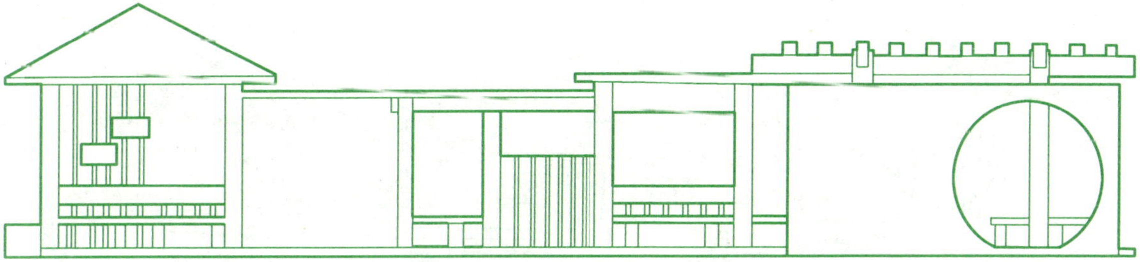

正立面图

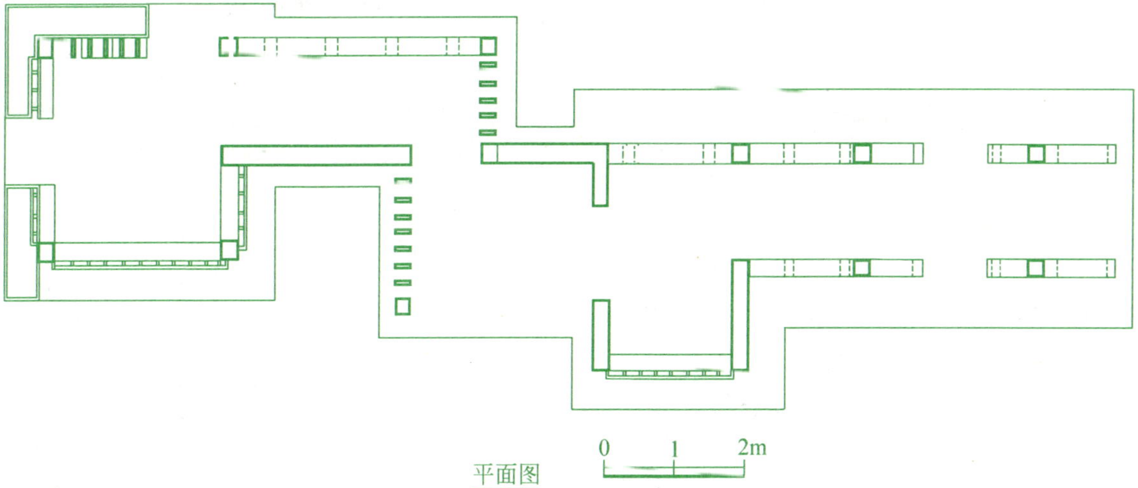


平面图

廊亭与花架示意图

说明：

这是一组建于水池边的亭廊与花架组合建筑，面积不大，道路曲折，富于变化。入口为一圆形洞门，墙前门侧堆叠散石，栽植花木竹丛，使内外景物既分隔又有联系，安排颇为巧妙。

整个建筑及园门全部采用白色，在周围绿色植物衬托下十分素雅明快。

## 15-4　正投影阴影

1. 求形体的阴影。

(1)

(2)

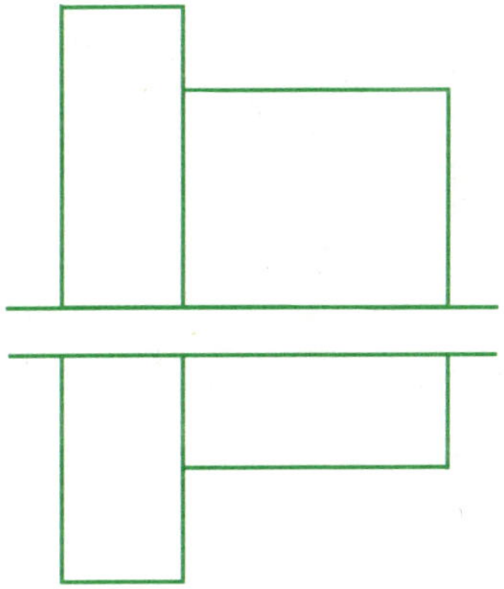

2. 求方帽落在长方柱上的阴影。

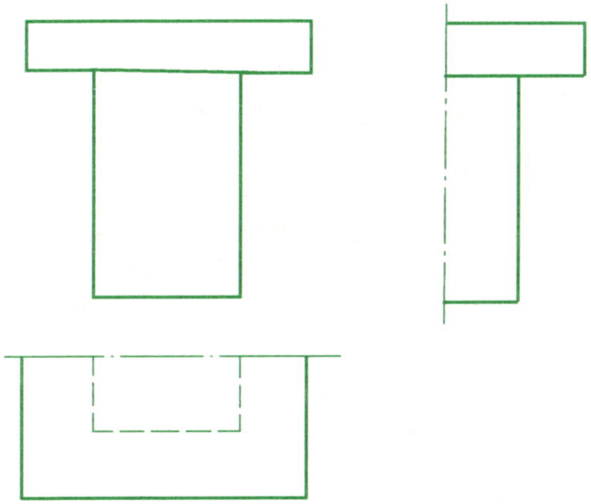

3. 求雨篷的落影。

班级　　　姓名　　　学号

4. 求方帽(或圆帽)落在圆柱(或方柱)和投影面上的阴影。

(1)

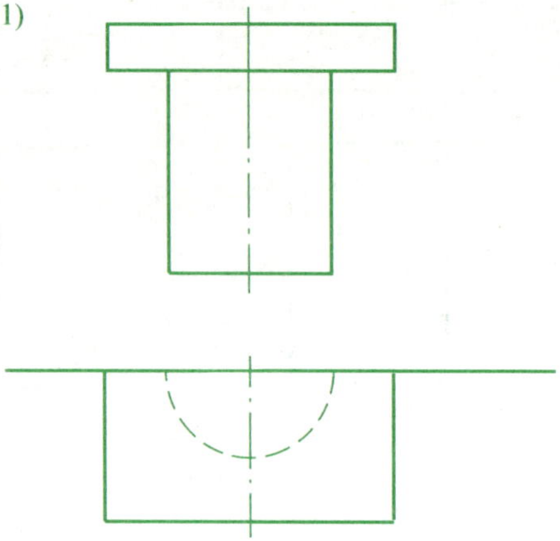

(2)

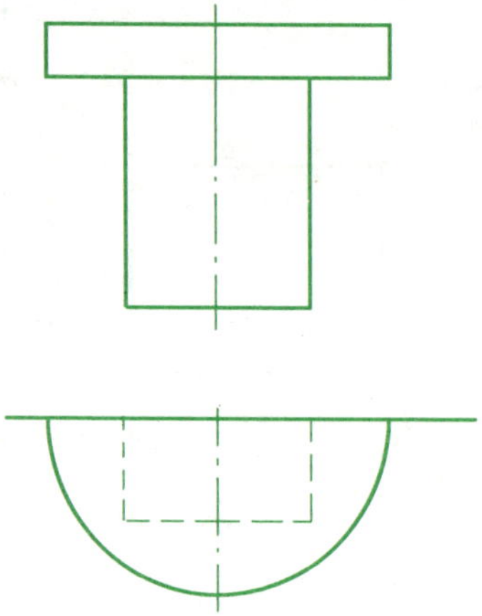

(3)

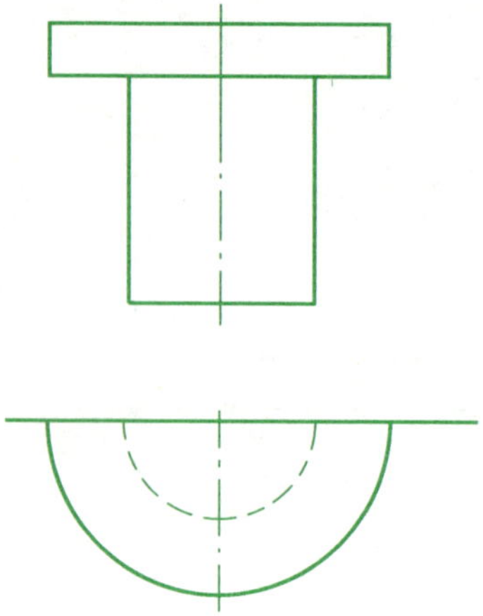

5. 求铅垂线*AB*的落影。

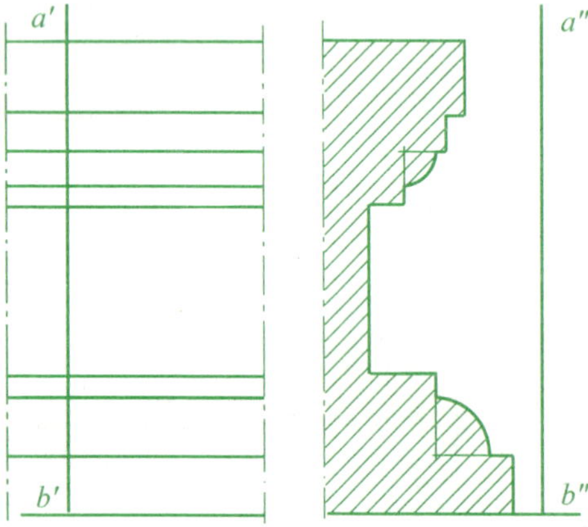


6. 求台阶的阴影。

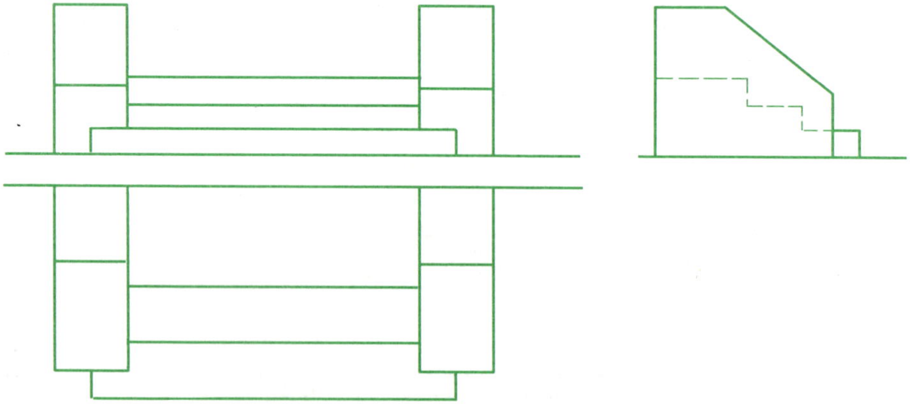

7. 求作窗洞的阴影。

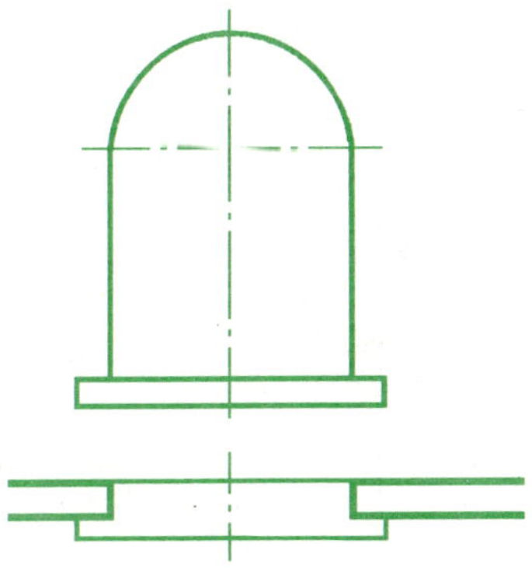

8. 求作窗洞的阴影。

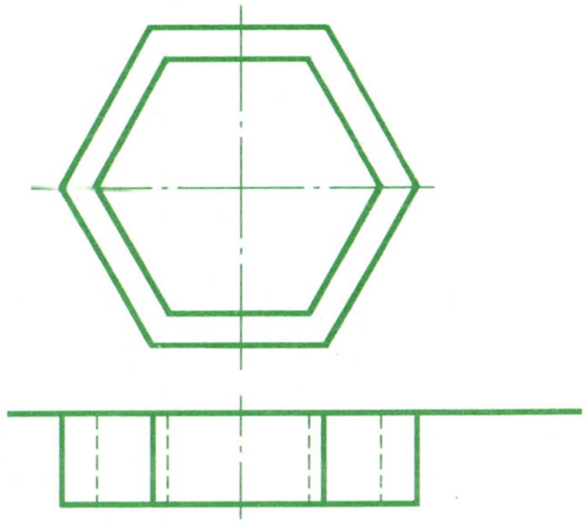

9. 求作窗洞的阴影。

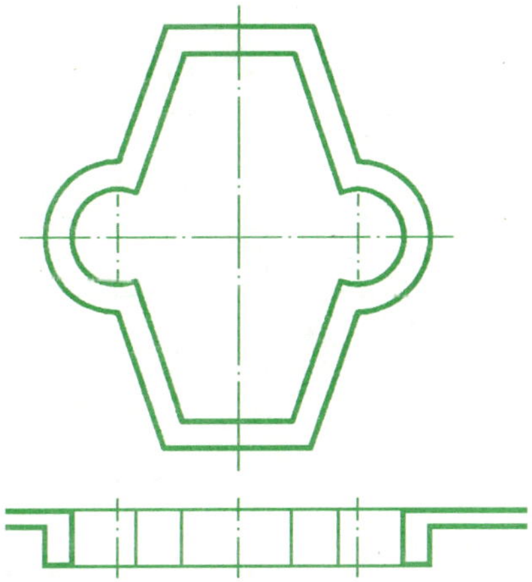

10. 求作雨篷与建筑物及门洞的落影。

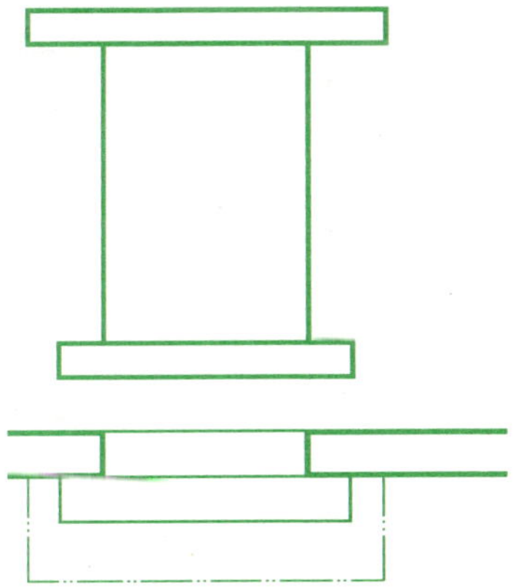

11. 求作挑檐在建筑物和投影面上的落影。

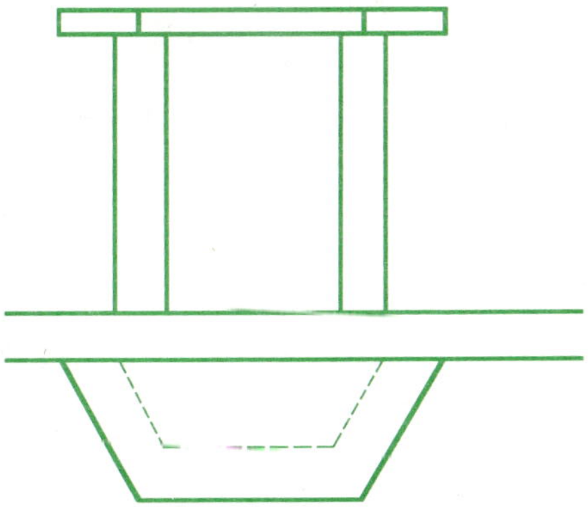

12. 求作折板雨篷与建筑物及门洞的落影。

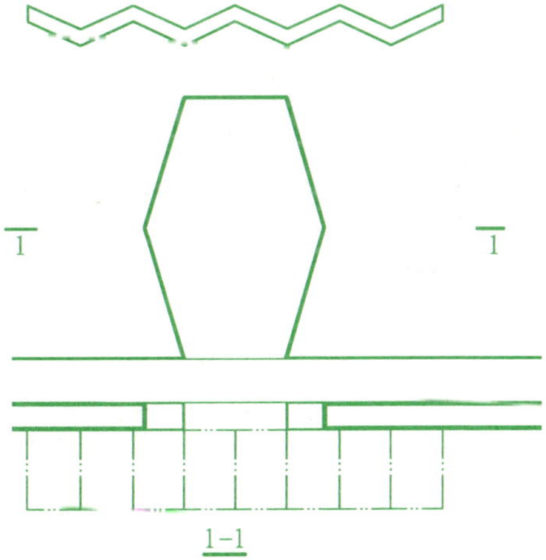

班级　　　　姓名　　　　学号

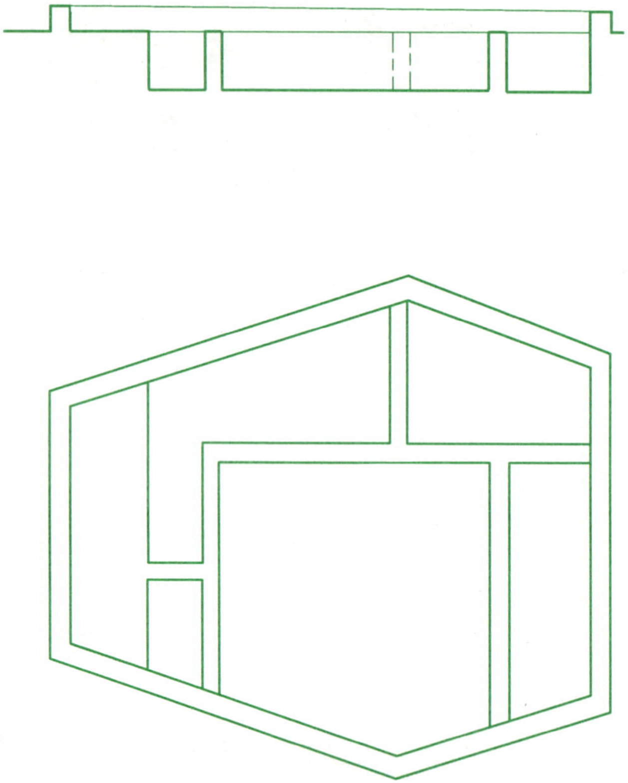

13. 求作花格的阴影。

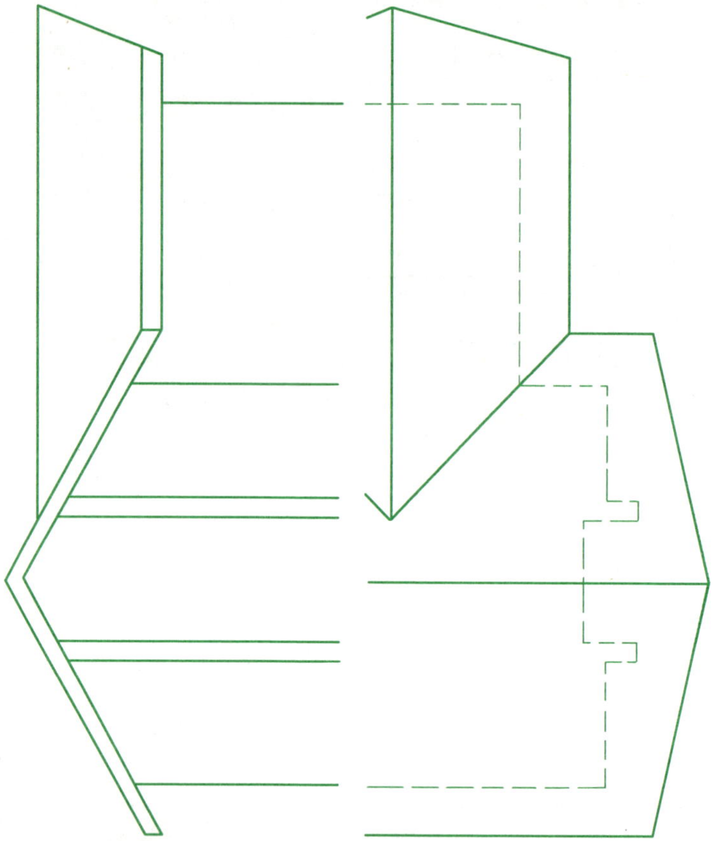

14. 求作建筑形体的阴影。

## 15–5　透视阴影

1. 按图示条件求作建筑形体在无灭光投射下的透视阴影。

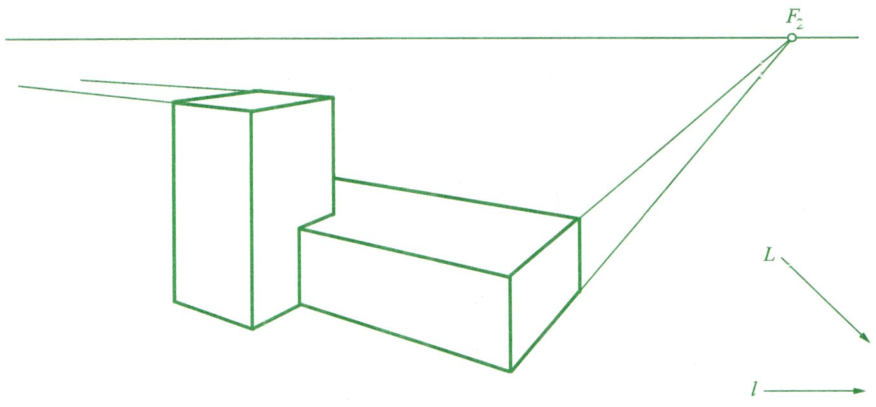


2. 按图示条件求作平房的透视阴影(左前屋檐角点$A$投于墙面$P$的落影点为$A_1$)。

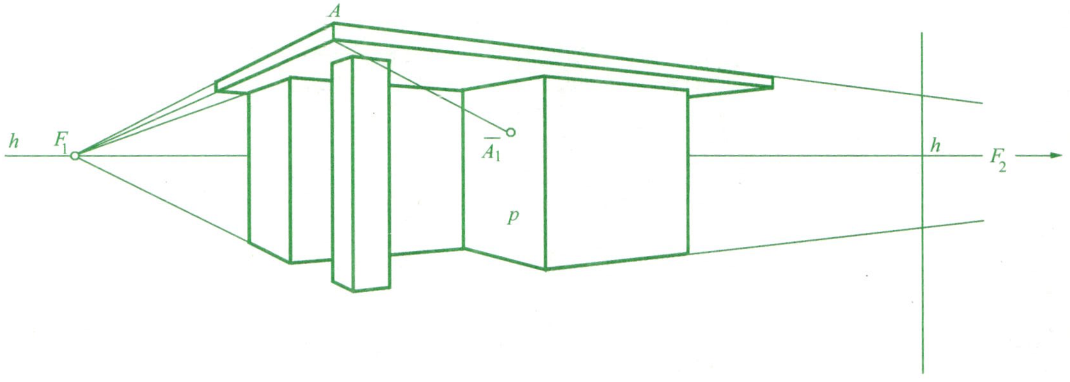

班级　　　　姓名　　　　学号

3. 在透视图中自行选定光线，加绘所示房屋的阴影。

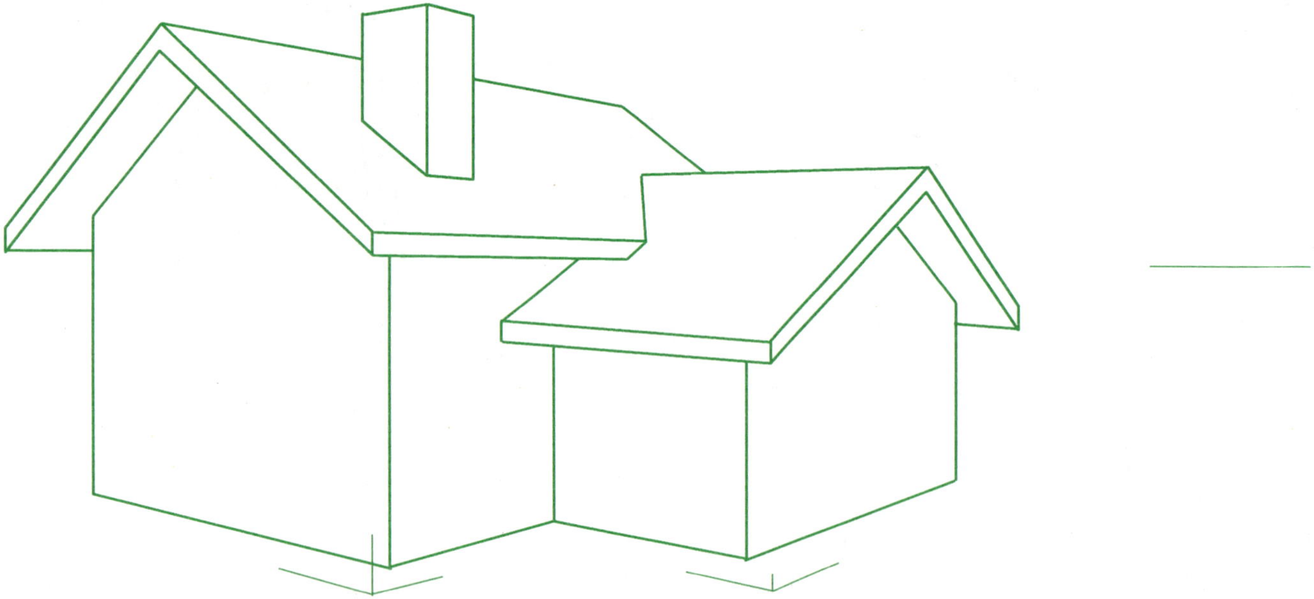

15-6　倒影

求作如图所示亭、花架、平台及其环境在水中的倒影。

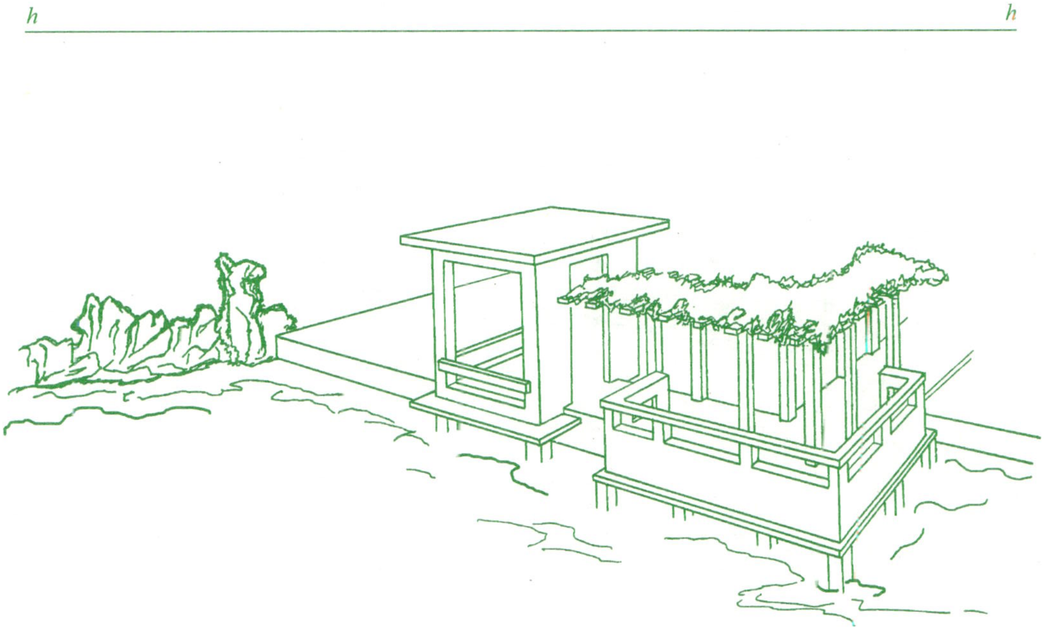

班级 姓名 学号

## 15-7 虚像

1. 求作镜面虚像。

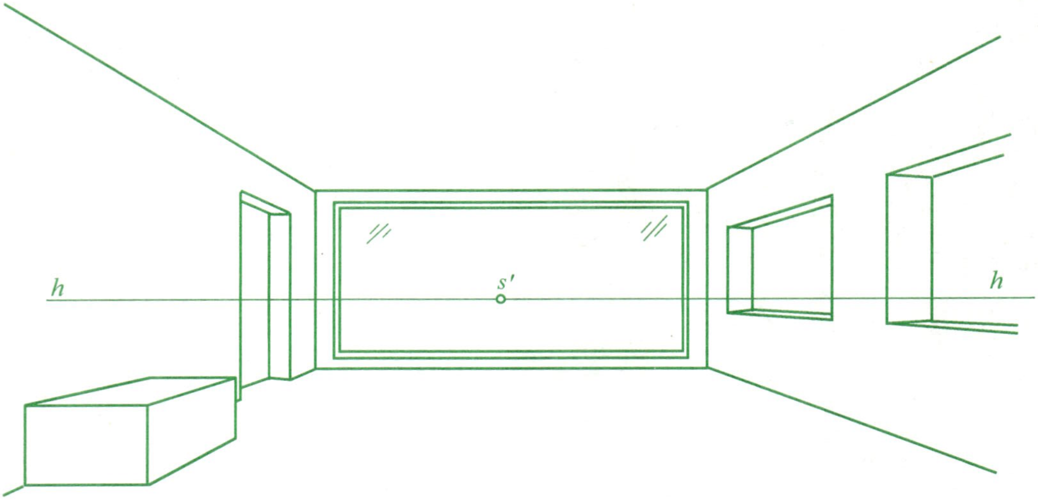


2. 求作镜面虚像。

## 第十六章　综合作图

如第121～123页所示，分别为一以休息亭廊为主题的休息地的平面图与立面图。休息亭廊以花架连接两平顶亭形成一整体，临水一端平顶亭设一平台挑出水面。要求通过图示的平、立面图全面了解休息地的整体规划布局及景物的具体平面位置和朝向，完成下列要求：

(1) 完成休息地的总体规划设计图及其立面图；

(2) 绘制休息地的铺地和园路施工图(园路路面为冰裂水泥嵌缝路面)；

(3) 绘制休息地的水体施工图(包括平面图与剖面图)；

(4) 绘制休息地的绿化种植设计图；

(5) 绘制休息地的成角鸟瞰透视图，并绘出挑出水面平台的倒影。

班级　　　　姓名　　　　学号

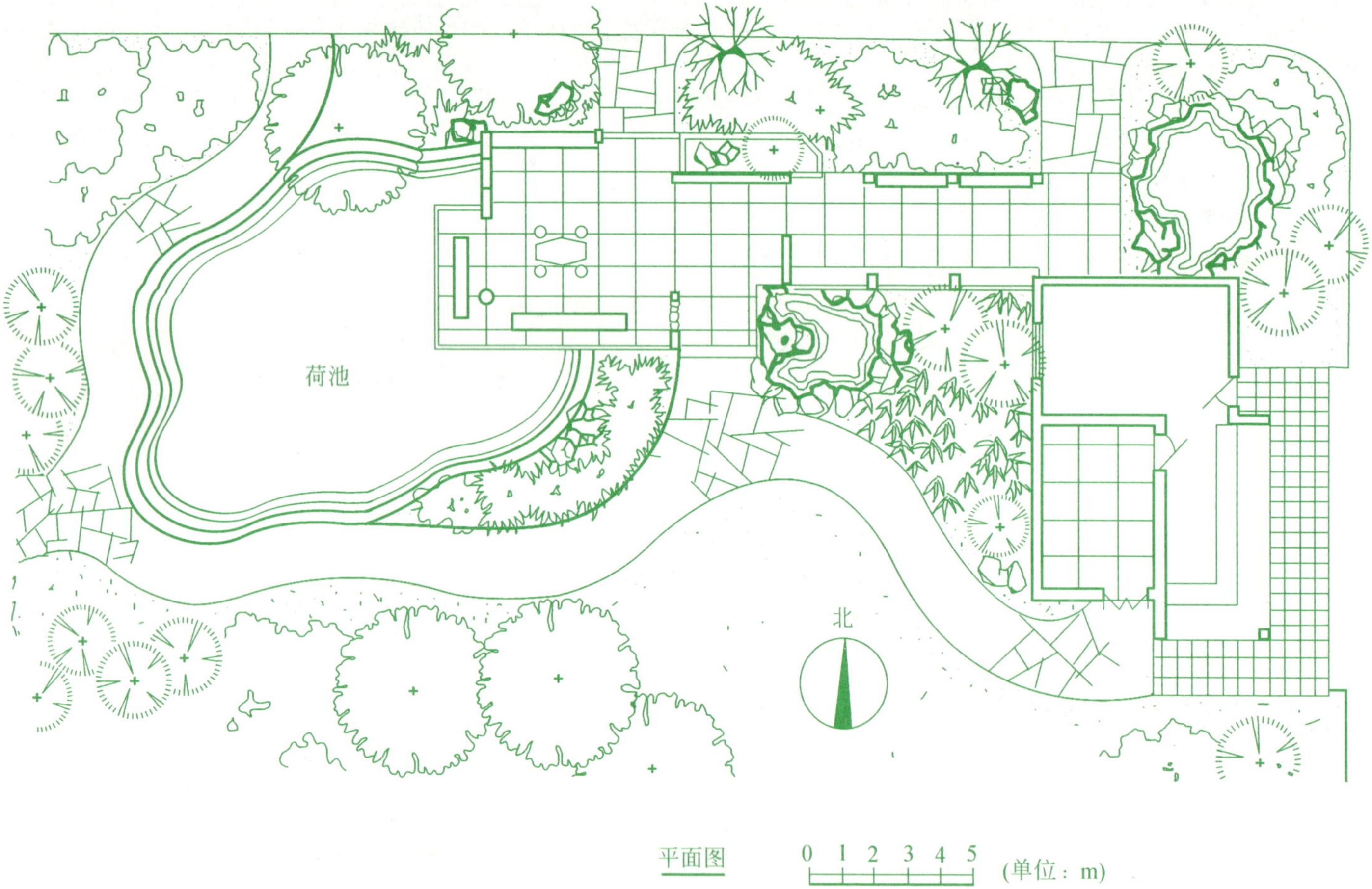


平面图

立面图

班级　　　　姓名　　　　学号

**第十七章　标高投影**

用标高投影法解下列各题。

1. 求直线*AB*的坡度*i*、平距*l*、实长*L*、对*H*面的倾角*a*；求线段*AB*上标高为整数的各点。

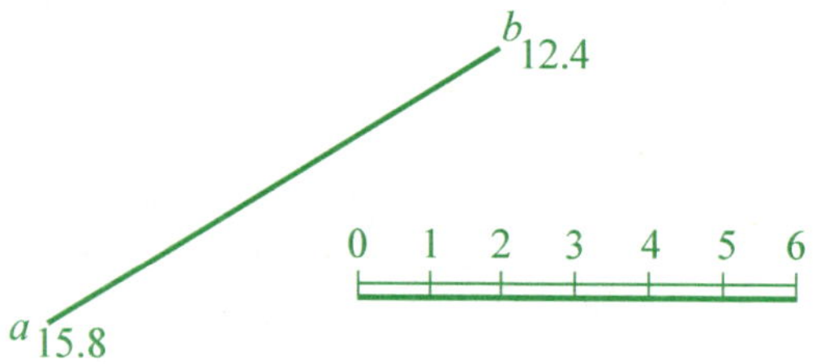


2. 求两平面的交线。

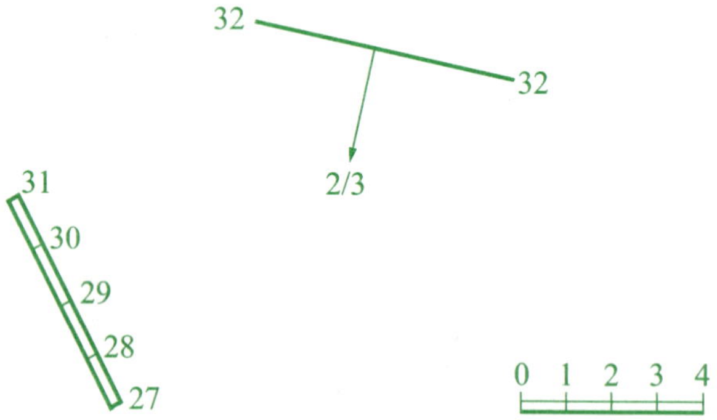


3. 两堤顶的标高及各边坡坡度如图所示，求各边坡与标高为±0.000的地面的交线及各边坡间的交线。

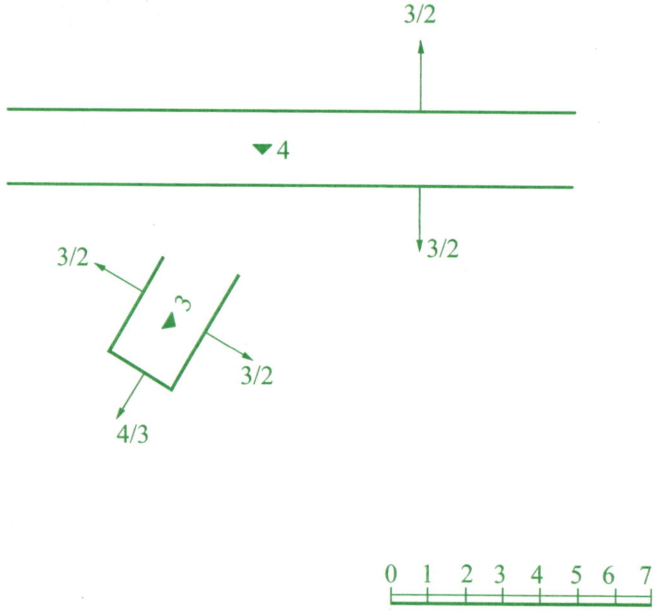

4. 在土坝坡面上与河岸坡面接头处，需作一圆锥面保护，求河岸坡面、土坝坡面与圆锥面交线及其与河底面的交线，坡度均为1∶1。

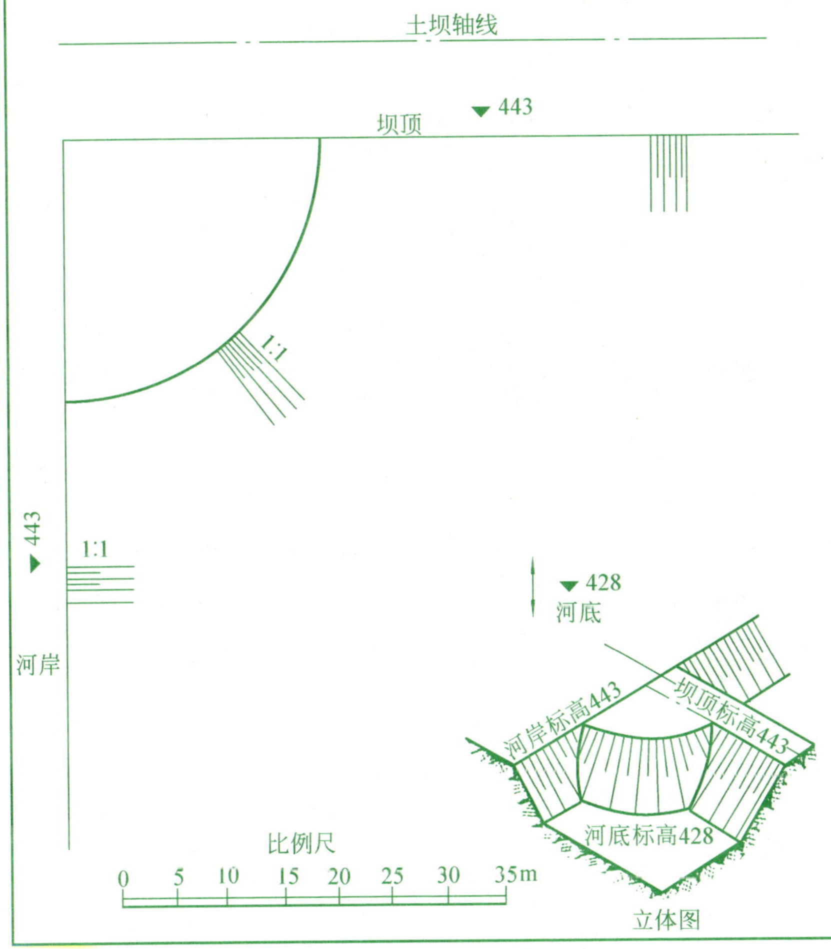


5. 有一圆弧形倾斜道路与干道相连，干道顶面的标高为4 m，求干道坡面与地面(标高为零)、弧形斜道坡面与地面的交线，以及斜道坡面与干道坡面的交线。

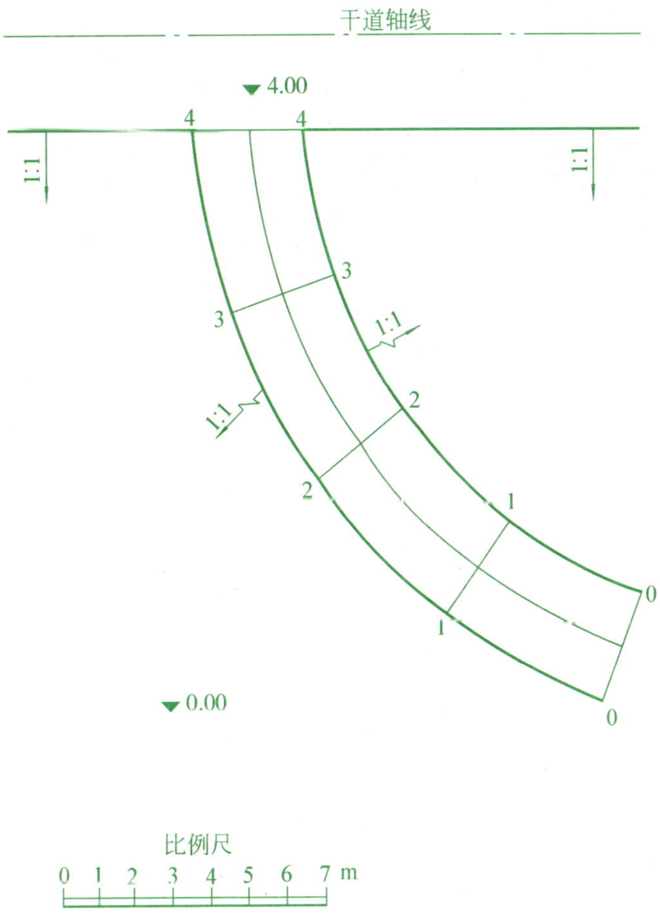

6. 如下图示，已知地形图和管线AB两端点的标高，求管线与地形面的交点。

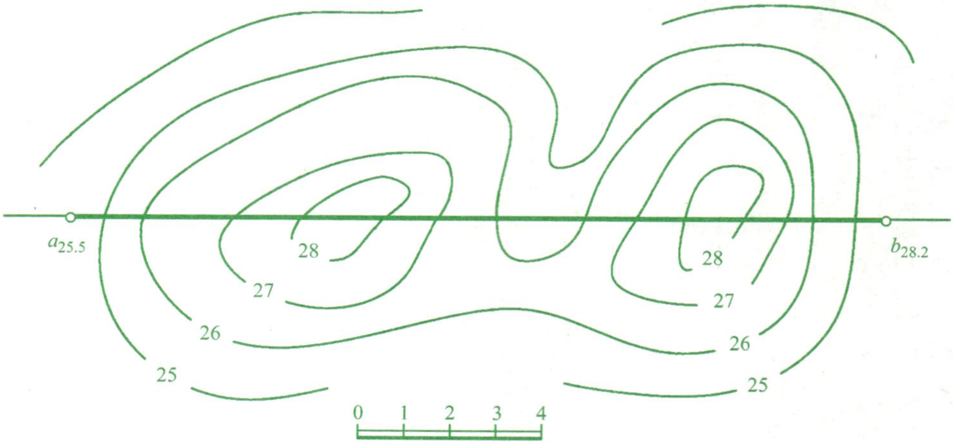


7. 已知地面上的道路，顶面为平坡，高程为20m，道路两侧的边坡，填方为1:1.5，挖方为1:1，求填挖边界线。

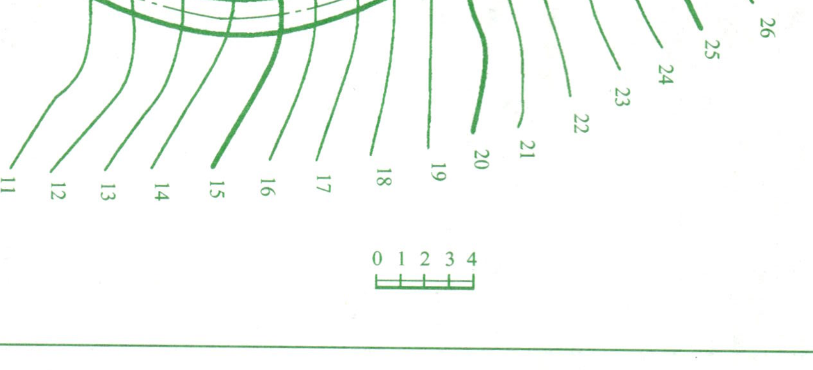